光纤光栅封装及多参量传感检测技术

李洪才 刘春桐 著

国防工业出版社

·北京·

内 容 简 介

光纤光栅作为一种波长调制型的光纤传感器,具有可靠性好、抗干扰能力强、传感探头结构简单、复用能力强、易于构成准分布式传感网络等优点。本书主要围绕光纤光栅在大型设备检测及安全监测中的应用为背景,较为系统地介绍了光纤光栅传感技术的发展及应用概况,光纤光栅传感的基本理论及相关模型,并重点针对光纤光栅传感技术实用化中的典型封装结构和实现方式、光纤光栅应变传感检测、光纤光栅液压系统多参量传感检测,以及光纤光栅周界传感和安全监测技术开展了理论分析和实验研究,相关研究结果对于光纤光栅在大型设备多参数传感检测及安全监测中的具体应用具有参考价值。

本书可供从事光纤光栅传感技术领域的专业技术人员和高校师生的参考使用。

图书在版编目（CIP）数据

光纤光栅封装及多参量传感检测技术 / 李洪才,刘春桐著. —北京：国防工业出版社,2023.10
ISBN 978-7-118-13001-0

Ⅰ.①光… Ⅱ.①李… ②刘… Ⅲ.①光纤光栅-封装工艺 ②光纤传感器 Ⅳ.①TN25 ②TP212.4

中国国家版本馆 CIP 数据核字（2023）第 134948 号

※

国防工业出版社出版发行

(北京市海淀区紫竹院南路 23 号　邮政编码 100048)
三河市天利华印刷装订有限公司印刷
新华书店经售

*

开本 787×1092　1/16　印张 8½　字数 192 千字
2023 年 10 月第 1 版第 1 次印刷　印数 1—2000 册　定价 98.00 元

(本书如有印装错误,我社负责调换)

国防书店：(010)88540777　　书店传真：(010)88540776
发行业务：(010)88540717　　发行传真：(010)88540762

前　　言

  光纤光栅是近三十多年来发展和应用最为迅速的光纤无源器件之一。作为一种波长调制型的光纤传感器，它具有可靠性好、抗干扰能力强、传感探头结构简单、复用能力强、易于构成准分布式传感网络等优点，因而在大型设备智能检测及安全监测中具有广阔的应用前景。

  本书是作者在近十几年来围绕光纤光栅封装及传感技术在相关教学科研工作中积累的基础上撰写而成。全书共分为7章。第1章概述部分，主要综述光纤光栅传感技术的发展和应用概况，光纤光栅封装技术概况及面临的主要问题，以及光纤光栅传感技术的发展趋势；第2章介绍光纤光栅传感的基本理论和传感的基本模型，以及温度与应变交叉敏感的关联理论；第3章主要介绍光纤光栅金属箔片式、聚合物和全金属封装的相关技术及实验研究，以及解决光纤光栅交叉敏感问题的封装技术；第4章介绍光纤光栅应变传感封装及检测技术；第5章主要介绍光纤光栅在大型机电设备液压系统中的多参量传感及检测技术；第6章介绍光纤光栅周界传感及边坡安全监测技术；第7章介绍基于LabVIEW的光纤光栅分布式传感检测技术。

  本书在撰写过程中得到了作者所在单位专家教授和部分研究生的大力支持。张志利教授在百忙之中审阅了全文，并提出了许多宝贵意见。在此谨向他们一并表示衷心的感谢！本书同时参阅了国内外众多专著、教材、学位论文、期刊等文献资料，在此谨向所有著作者致以衷心的谢意！因时间仓促和工作疏漏而未能一一标识和注解的文献，向著作者表示诚挚的歉意！因著者水平有限，书中难免有不当或错误之处，恳请读者批评指正！

著者

2023年1月于西安

目 录

第1章 概述 ·· 1
  1.1 光纤光栅传感技术的发展概况 ·· 1
    1.1.1 光纤光栅的发展及特点 ·· 1
    1.1.2 光纤光栅传感的应用概况 ··· 3
    1.1.3 光纤光栅传感技术的难点 ··· 4
  1.2 光纤光栅封装技术概况 ··· 5
    1.2.1 光纤光栅封装的基本类型 ··· 5
    1.2.2 封装与敏化技术 ·· 7
    1.2.3 封装技术面临的主要问题 ··· 9
  1.3 光纤光栅传感技术发展趋势 ·· 9
  参考文献 ·· 10

第2章 光纤光栅传感的基本理论及模型 ··· 13
  2.1 光纤波导的理论基础 ··· 13
    2.1.1 光波的电磁理论基础 ·· 13
    2.1.2 光纤的结构及其模式理论 ·· 14
  2.2 光纤光栅的耦合模理论 ··· 16
    2.2.1 光纤光栅的基本结构及特点 ··· 16
    2.2.2 光纤光栅的耦合模理论 ·· 17
    2.2.3 光纤光栅的基本特征参数 ·· 19
  2.3 光纤光栅传感的基本原理 ·· 20
  2.4 光纤光栅应变传感模型 ··· 21
    2.4.1 各向同性介质中的胡克定律 ··· 21
    2.4.2 均匀轴向应力传感模型 ·· 22
    2.4.3 均匀横向应力传感模型 ·· 24
  2.5 光纤光栅温度传感模型及与应变交叉敏感关联理论 ················ 25
    2.5.1 光纤光栅温度传感模型 ·· 25
    2.5.2 光纤光栅温度应变交叉敏感关联理论 ··························· 26
  2.6 光纤光栅振动传感模型 ··· 27
  参考文献 ·· 29

第3章 光纤光栅的封装技术 ·· 31
  3.1 铝合金箔片式封装 ·· 32
    3.1.1 应变传感特性实验 ··· 33

  3.1.2 温度传感特性实验 ··················· 35
 3.2 聚合物封装 ··································· 36
  3.2.1 聚合物封装的种类及特点 ··················· 37
  3.2.2 环氧聚合物封装光纤光栅温度传感特性 ··················· 37
 3.3 全金属封装 ··································· 40
  3.3.1 光纤光栅金属化镀膜封装技术 ··················· 41
  3.3.2 全金属封装技术 ··················· 41
  3.3.3 全金属封装后的温度传感特性 ··················· 42
 3.4 解决交叉敏感问题的封装技术 ··················· 43
  3.4.1 光纤光栅温度补偿封装 ··················· 43
  3.4.2 光纤光栅应变不敏感封装 ··················· 46
  3.4.3 应变温度同时测量封装 ··················· 46
 参考文献 ··································· 47

第4章 光纤光栅应变传感及检测技术 ··················· 50
 4.1 平面应变状态分析 ··················· 50
 4.2 光纤光栅在平面应变场中的测量修正 ··················· 51
  4.2.1 单个光栅在平面应变场中的测量误差 ··················· 51
  4.2.2 双光栅的十字形封装结构 ··················· 53
 4.3 光纤光栅应变花测量技术 ··················· 54
  4.3.1 光纤光栅应变花结构 ··················· 54
  4.3.2 光纤光栅应变花的横向效应修正 ··················· 56
 4.4 嵌入式封装应变测量技术 ··················· 58
  4.4.1 嵌入式封装的基本原则 ··················· 58
  4.4.2 聚合物与金属粉末混合封装 ··················· 59
  4.4.3 嵌入式封装工艺 ··················· 60
  4.4.4 嵌入式封装实验检测 ··················· 61
 参考文献 ··································· 66

第5章 光纤光栅液压系统多参量传感及检测技术 ··················· 68
 5.1 光纤光栅压力传感器 ··················· 69
  5.1.1 轴向光纤光栅压力传感原理及实现 ··················· 69
  5.1.2 径向光纤光栅膜片式压力传感原理及实现 ··················· 71
 5.2 光纤光栅毛细钢管式温度传感器 ··················· 75
  5.2.1 基本原理 ··················· 75
  5.2.2 实现结构 ··················· 76
 5.3 光纤光栅流量传感器 ··················· 77
  5.3.1 差压式光纤光栅流量传感器 ··················· 77
  5.3.2 靶式光纤光栅流量传感器 ··················· 81
 5.4 多功能光纤光栅复合流量传感器 ··················· 85
  5.4.1 多功能差压式光纤光栅流量传感器 ··················· 85

	5.4.2	多功能靶式光纤光栅流量传感器 ·· 86

5.5 轴向柱塞泵的光纤光栅振动频率检测技术 ································ 89
    5.5.1 轴向柱塞泵建模及模态分析 ··· 89
    5.5.2 双悬臂梁光纤光栅振动传感器设计及分析 ····························· 92
    5.5.3 轴向柱塞泵光纤光栅振动频率检测及分析 ····························· 94

参考文献 ·· 96

第 6 章 光纤光栅周界传感及边坡安全监测技术 ································ 98

6.1 周界传感及边坡安全监测技术概况 ··· 98
    6.1.1 周界入侵监测技术 ··· 98
    6.1.2 边坡滑坡安全监测技术 ·· 99

6.2 光纤光栅周界振动传感器 ·· 100
    6.2.1 悬臂梁结构的光纤光栅振动传感原理 ································ 101
    6.2.2 光纤光栅振动传感器结构设计及有限元分析 ····················· 102
    6.2.3 光纤光栅振动传感器的实验测试及分析 ····························· 104

6.3 边坡安全监测中的光纤光栅弯曲传感技术 ································· 106
    6.3.1 光纤光栅弯曲传感原理及应用方式 ··································· 107
    6.3.2 边坡形变测量的光纤光栅弯曲传感实验 ····························· 108

参考文献 ·· 112

第 7 章 基于 LabVIEW 的光纤光栅分布式传感检测技术 ··············· 115

7.1 光纤光栅分布式传感技术概况 ··· 115
    7.1.1 分布式光纤传感器的分类 ··· 115
    7.1.2 光纤光栅传感复用技术原理 ··· 116
    7.1.3 光纤光栅传感网络信号解调方法 ······································· 119

7.2 光纤光栅多参量分布式传感检测系统设计及实验 ······················ 120
    7.2.1 光纤光栅多参量准分布式传感系统设计 ····························· 120
    7.2.2 基于 LabVIEW 的解调系统设计 ······································· 121
    7.2.3 综合实验验证 ··· 125

参考文献 ·· 128

第 1 章 概 述

当今社会已步入信息时代高速发展的快车道,传感技术作为信息技术的三大支柱之一,用于敏感和获取外界的有用信息,是大型设备及工程建筑实现智能检测及健康监测的基础和前提[1-2]。由于大型设备体积庞大、质量较重,结构及受力情况复杂,而且使用环境往往较为恶劣、电磁环境复杂、防静电要求高,通常还需要对多种物理参量在多点同时进行检测和监测,以便及时发现和排除安全隐患,确保其处于良好的工作状态。对于温度、应变、压力、流量、振动等基本物理参量的检测,传统的方法是使用大量电学类敏感元件,如热敏电阻、电阻应变片等。但是大量的实践表明[3-4]:传统敏感元件在恶劣环境中的可靠性、长期稳定性均较差,而且容易将电信号引入测试现场、更易受到电磁干扰、存在较大的安全隐患等,因此不能满足特殊设备严苛的使用环境和相关的安全要求。

光纤的物理尺寸提供了制造小型轻量化传感器的可能,传感器可以具有很高的空间分辨率,并且具有提供超高带宽的检测能力。与传统的电学类传感器相比,光纤传感器具有质轻柔韧、本质防爆,检测精度高、便于分布式传感和远距离传输等特点[5-7]。光纤光栅是近年来光纤通信和光纤传感领域发展出来的一种新型光纤无源器件,其基本原理是利用在光纤纤芯中形成的空间周期折射率分布来改变光波在光纤中的传播行为。根据光纤光栅的空间周期分布及大小,主要可将其划分为均匀光纤 Bragg 光栅(Fiber Bragg Grating,FBG)、啁啾光纤光栅、长周期光纤光栅,以及光子晶体光纤光栅等。光纤光栅存在诸多优势,其中以光纤 Bragg 光栅研究和应用最为成熟,本书所讨论和研究的光纤光栅,若无特殊说明均指光纤 Bragg 光栅。光纤光栅传感器利用 Bragg 中心反射波长对外界物理量的敏感特性,通过特殊的封装和结构设计实现多种参量的高精度测量。

随着光纤光栅制造成本的大幅下降和可靠性的不断提高,在短短的几十年间,光纤光栅传感器已经在桥梁、高层建筑、大坝等工程领域取得了成功的应用[8-11],并成为光纤传感领域发展最快的技术之一。同时,光纤光栅也是光通信领域最活跃的分支之一,在未来大型设备的智能检测中也将发挥重要作用,利于促进大型设备信息化的建设。此外,光纤光栅便于实现多参量、多点检测,以及准分布式传感网络,有利于检测系统的小型化,还可为大型设备的智能检测和故障诊断提供技术支持和分析基础。充分利用光纤传感与传输的带宽优势,以及光信号的复用技术(如时分、空分、频分等),可以有效降低检测系统的成本,因此具有显著的经济效益。

1.1 光纤光栅传感技术的发展概况

1.1.1 光纤光栅的发展及特点

1978 年,Hill[12]等首次在研究光纤非线性试验中发现了光纤纤芯的 UV(紫外)光敏特性,并且在此基础上诞生了世界上第一根光纤光栅,从而得到了国内外学者的广泛关注。尤其是自 1989 年 Morey 首次报道将光纤光栅用作传感以来[13]，光纤光栅传感器的应用领域便不断拓展，通过精巧的结构设计和封装技术，光纤光栅传感器的研究设计和开发应用目前已逐步涉及应变、温度、湿度、压力、振动、声波、磁场、加速度和热膨胀系数等几乎所有物理量的传感测量，并且取得了持续和快速的发展[14-16]。

光纤光栅是利用光纤的光敏特性制成的光纤无源器件，其折射率沿光纤长度方向呈周期性的变化，使光栅可以有选择性地反射某些特定波长。基于光纤光栅的传感器，其传感过程是通过外界参量对 Bragg 中心波长的调制来实现的，属于波长调制型光纤传感器。光纤光栅传感器与传统的机械、电学类传感器相比，不仅具有体积小、质量轻、灵敏度高、可实现绝对测量和长期稳定的优点，而且具备较强的抗电磁干扰能力等突出优点，并且集传感与传输为一体，更加易于复用和构成光纤传感网络。具体而言，相比较传统电学类传感器和光纤传感器，光纤光栅传感器具有以下显著优点[17-20]：

（1）可靠性好，抗干扰能力强。波长调制型传感从本质上排除了各种光源功率波动、光波偏振态的变化及光纤微弯效应等引起的随机起伏，以及耦合损耗的影响。

（2）电绝缘性好，不受电磁环境影响。光纤纤芯是由石英构成的，本质绝缘，因此不受外界电磁环境的干扰，非常适合用于复杂电磁环境下的安全监测。

（3）传感探头结构简单、尺寸小、细小柔软、几何形状可塑，尤其适合埋入材料内部构成智能材料或结构，对其内部的应变和温度进行高分辨率和大范围的测量。

（4）波长测量为绝对测量，无须重复标定或回零，测量重复性好。

（5）传输容量大，传输损耗小，便于利用复用（波分、时分、空分等）技术实现对多点位、多参量的准分布式测量，并可实现远距离遥控监测。

（6）测量范围广。目前已可以在温度、应变、应力、压强、位移、加速度、流量、流速、电流、电压、液位、液体或气体的浓度及成分测量等领域应用；经过特殊的结构设计及材料封装，还可以用于更多参量的传感检测。

（7）光栅的写入工艺已较为成熟，便于大规模生产和商品化。同时，光纤耐腐蚀，化学性能稳定，能够用于较恶劣的环境。

此外，作为智能传感技术发展的新阶段，光纤光栅具有体积小、质量轻、强度高和弯曲性能好等特点，适于对各种形状的物体进行大面积实时监测。SPIE（国际光学工程学会）在 1988 年召开的首届光纤"智能结构/蒙皮"的国际学术会议[21]上提出，把高超的光纤光栅技术、光纤神经网络、光纤智能仪器有机地融为一体，制成灵敏材料、灵敏结构和灵敏皮肤，形成"3S"（Smart material, Smart structure, Smart skin）智能传感系统。该系统就像人体的"神经网络"，可对被测体的多种参数（如应变、温度、应力、老化、裂变等）进行大面积实时综合测量、诊断和控制，并通过测量和数据处理系统进行状态分析，同时对各种越限行为及时告警，必要时采取应急措施。而光纤光栅纤细、柔韧等特点，以及比传统传感器高得多的灵敏度，正是智能材料和"3S"系统的理想器件。由于光纤光栅传感器具有上述的众多优势，可以解决许多传统传感器无法解决的问题，因此，光纤光栅被认为是实现"光纤灵巧结构"的理想器件。光纤光栅在传感领域中的应用已引起世界各国研究人员的极大兴趣和广泛关注。

1.1.2 光纤光栅传感的应用概况

表 1.1 中列举了目前一些典型光纤光栅传感器的应用现状。而且,随着光纤传感网络化、智能化的发展,基于光纤光栅的大规模网络化、智能检测技术也得到了长足发展。目前,光纤光栅传感器已在土木工程、船舶工程、航空航天、医疗、电力以及石油化工等民用和国防领域得到了广泛应用[22-25]。光纤光栅传感检测技术也已成为工程结构检测及监测领域最有效的手段之一。基础结构的状态、力学参数的测量对于工程建筑、桥梁、大型装备等的检测和维护至关重要。光纤光栅传感器既可以贴在被测对象结构的表面,也可以在设备生产或者工程建设时,埋入具体检测对象的结构中,从而实现对结构进行实时测量,监视结构缺陷的形成和生长。另外,数量众多的光纤光栅传感器可以串接成一个传感网络对被测结构进行准分布式检测,传感信号可以通过光纤远距离送到中心监控室进行在线监测。

表 1.1 典型光纤光栅传感器的应用现状

待测参量	传感结构或系统	解调方式	量程/灵敏度
温度	聚合物封装	波长解调	20～100℃,0.23nm/℃
压力	聚合物增敏罐	波长解调	0.44MPa,−5.277nm/MPa
	中空玻璃球		50MPa,-2.7×10^{-2}nm/MPa
应变	光纤光栅应变感测系统	FP 滤波、匹配光栅	0.3～3με,6×10^{-3}με/Hz^{-2}
位移	双侧悬臂梁结构	波长变化	0～30mm,0.658nm/mm
振动	光纤光栅振动系统	M-Z 光纤干涉仪	500Hz,0.6 nε/Hz^{-2}
加速度	两端固定曲梁	干涉解调	2～12.5με/g,1mg/Hz^{-2}

在国外,美国和欧洲在光纤光栅传感领域研究较早,并取得领先的水平[26-28]。美国罗格斯大学的研究人员早在 1992 年就首次将光纤光栅应变传感器埋入钢筋混凝土中开展相应研究;此后,国外发达国家都将光纤光栅传感器作为桥梁长期安全检测的首选技术。1993 年,加拿大卡尔加里的 Beddington Trail 大桥最早使用了 16 个光纤光栅传感器贴在预应力混凝土支撑的钢增强杆和碳纤维复合材料筋上对桥梁结构进行长期监测;1995 年,加拿大多伦多大学 R.M. Measure 等在 Calgurg 市的世界首座预应力碳纤维高速公路桥上埋入光纤 Bragg 光栅传感器,并对大桥进行实时应力监测。1999 年,美国在新墨西哥 Las Cruces 10 号高速公路上的一座钢结构桥梁上安装了 120 个光纤光栅传感器,该光纤光栅传感系统可探测经过桥梁车辆的速度和质量,从而监视动态荷载引起的结构响应,创造了当时在一座桥梁上使用光纤光栅传感器最多的纪录。在欧洲,2001 年,Magne Sylvain 等在波尔多地区的 Saint-Jean 大桥贴装了 14 个波分复用光纤光栅张力计和温度计,监测系统经受住了寒暑季节变化的考验。航空航天业是一个使用传感器密集的地方,因此也是使用光纤光栅传感器效果非常好的领域。光纤光栅传感器集感传输于一体,质轻、柔软、灵巧等特点使其具有极大的优势。使用光纤光栅传感器可以减少飞行器质量、缩短检查时间、降低维护成本。美国、瑞典、加拿大等国将光纤光栅传感应用于航空航天业的研究也进展得比较深入,仅波音公司就注册了近 10 个光纤光栅传感器的技术专利。据报道,在最先进的波音 787 客机和空客 A380 客机上均布设了光纤光栅传感监测

系统。

国内关于光纤光栅传感技术的研究起步于 20 世纪七八十年代，从 2000 年开始，国内高等院校及科研院所对该领域的研究逐渐升温[29-31]。光纤光栅直接测量的基本量是温度和应变，但通过一定的转换可以测量位移、加速度、振动等参数。目前，国内针对光纤光栅传感器的研究已有了长足的发展，许多新产品已走出实验室，为光纤光栅传感器向工程化、实用化方向发展奠定了坚实的基础。光纤光栅传感器因其本质安全防爆，非常适合应用于石油化工领域。由上海紫珊光电技术有限公司设计的黄岛油库 6 个 50000m³ 原油罐光纤光栅感温火灾预警系统在国内已投入使用，其部分技术指标优于国外类似的传感系统，达到国际先进水平。光纤光栅在国内的土木工程领域健康监测中的应用也得到了广泛关注和成功应用。清华大学、南开大学、武汉理工大学、哈尔滨工业大学等多所高校在光纤光栅传感技术研究、产品开发以及工程应用方面通过深入攻关，已将光纤光栅传感技术成功应用于国内的武汉长江二桥、海口世纪大桥、上海卢浦大桥、深圳会展中心、中关村金融中心等大型工程建筑中。2017 年，朱万旭等采取在锚固区安装光纤光栅的方式，对我国"天眼"FAST 工程（世界最大且精度最高的整体索网结构）中的 316 根拉索进行了成功测试，展现了光纤光栅传感技术的极大优势和广阔的应用潜力。

1.1.3 光纤光栅传感技术的难点

光纤光栅因具有制作简单、稳定性好、体积小、抗电磁干扰、使用灵活、易于同光纤集成及可构成网络等诸多优点，近年来被广泛应用于光传感领域。光纤传感技术的实用化有以下技术难点[32-34]：

1. 光纤光栅的封装技术

由于裸光纤光栅直径约 125nm，在恶劣的工程环境中容易损伤，因此，只有对其进行保护性的封装（例如埋入衬底材料中），才能赋予光纤光栅更加稳定的性能，延长其使用寿命，传感器才能交付工程使用。同时，通过设计传感器封装的结构，选用不同的封装材料，可以实现传感器温度补偿、应力和温度的增敏等功能，这类"功能型封装"的研究不断受到重视，并逐渐应用于工程实际当中。

2. 光纤光栅传感信号解调技术

信号解调系统实质上是基于信息（能量）转换与传递的检测系统。光纤光栅传感解调系统可以准确迅速地测量出调制信号光波长中心的幅值，并能够无失真地再现待测信号（即光纤光栅的中心波长漂移量），它是光纤光栅传感器精密测量得以实现的重要保证。目前，开发出高精度、高分辨率、高灵敏度和低成本的光纤光栅信号解调系统是光纤传感实用化的关键技术。

3. 光纤光栅传感复用技术

目前，单点和单参数的传感器及检测系统显然已经不能满足工程实际的要求，大规模、长距离及分布式的传感技术已成为研究和应用的热点。在设计光纤光栅传感系统时，应该综合考虑，尽量做到仅仅通过一两根光纤就能尽可能多地传感复用，有效地利用传感用的光波能量，减小串音，保证每个传感器的性能等。由于光纤光栅可以灵活地串接，并且能够分别对压力、温度和振动等多种参量进行实时感测，因此，可以借鉴光波复用技术，将波分复用（WDM）、时分复用（TDM）和空分复用（SDM）技术与先进的信号处理机制及无线传输技术等技术结合起来，构建多维（线阵、面阵、体阵以及"蒙皮"等）智能型传感系统，应用于大型结构的健康监测当中。

1.2 光纤光栅封装技术概况

通常情况下，光纤光栅采用紫外曝光的方法写入，由于在写入前需要剥除裸光纤的涂覆层（通常为树脂材料，如丙烯酸酯等），同时又要经过强紫外光的照射，因此光纤光栅本身变得很脆，抗剪切和抗弯曲能力很低，外界的机械损伤和磨损也都非常容易使其断裂，而且裸露于空气中也会使光栅的特性易受外界水汽和杂质的影响而劣化；此外，裸光纤光栅的温度和应变灵敏度均不高，对于中心波长 $\lambda_0=1550nm$ 的光纤光栅，其温度和应变灵敏度分别约为 11.3pm/℃ 和 1.2pm/με，因此一般不将其直接用于传感测量，需要对其进行敏化封装以提高其感测的灵敏度。基于这两个方面的原因，裸光纤光栅通常不会直接用于工程测量的实际，而必须进行封装保护和敏化处理。因此，封装技术是光纤光栅传感技术实用化的第一步，它直接影响光纤光栅传感器各项性能参数的优劣，并决定其易用性的程度和使用寿命。

光纤光栅的封装是指根据传感器的设计要求，采用特殊的结构设计并选用合适的衬底材料，对光纤光栅进行敏化或保护，使其能够满足工程应用对传感器的实际需要[35-36]。常用的封装方法有粘接、涂覆、镀膜等。因此，光纤光栅封装技术涉及结构设计、衬底材料以及封装工艺等多个方面，并与光纤光栅敏化技术密切相关，是光纤光栅传感技术走向工程实用化的关键技术之一。

1.2.1 光纤光栅封装的基本类型

光纤光栅的具体封装类型因所要实现目标的不同而各异，但都与所采用的封装结构、衬底材料、胶黏剂及封装工艺密切相关。根据封装所要实现目标的不同，主要分为不同物理参数的增敏封装和补偿（或者去敏）封装；根据衬底材料的不同，可分为金属材料封装和聚合物封装；根据封装形式的差异，可分为嵌入式封装和粘贴式封装。下面根据最后一种分类方法，介绍光纤光栅的基本封装形式[37-38]。

1. 嵌入式封装

嵌入式封装是将光纤光栅嵌入于某种对应变或温度具有增敏或减敏的有机物（如聚合物）、金属、合金及特殊弹性体之中的技术。这样做不仅可以保护裸光纤光栅免受外界机械损伤和杂质的影响，还可以避免改变光栅的某些特性。比如采用恰当的负温度系数材料制成的封装衬底可以提高光纤光栅的温度稳定性；而采用金属管封装或将光栅嵌入聚合物中，可以提高光纤光栅的温度灵敏度。封装材料一般有单一材料与混合材料之分；结构亦有管式、片式、针式、完全嵌入与部分嵌入等之别，其典型实例如图1.1所示。

2. 粘贴式封装

粘贴式封装是将光纤光栅粘接在某种对应变、温度具有增敏或减敏的有机物、金属、合金及特殊弹性体表面的技术。其优点是在使用过程中可以直接贴于被测体结构的表面，无须破坏原有结构，从而实现无损检测。所采用的粘贴材料一般有单一材料与混合材料之分；结构亦有管式、片式、针式、完全粘敷与部分粘敷等之别，不同的结构都具有各自的特点和应用场合，其典型实例如图1.2所示。

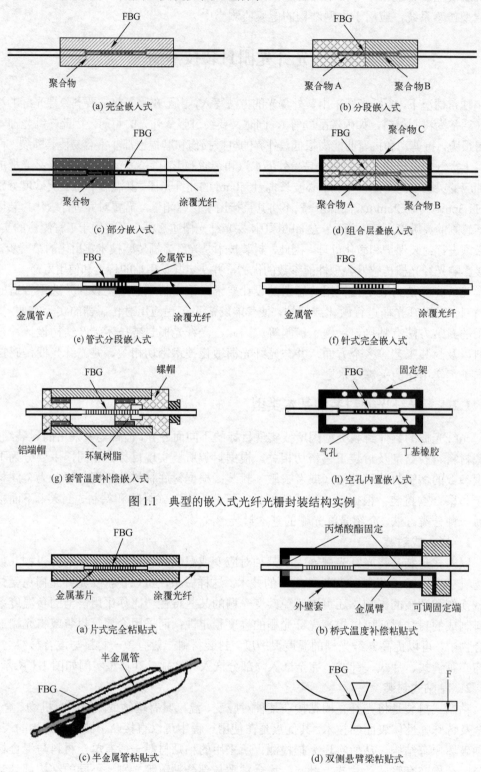

图1.1 典型的嵌入式光纤光栅封装结构实例

图1.2 典型的粘贴式光纤光栅封装结构实例

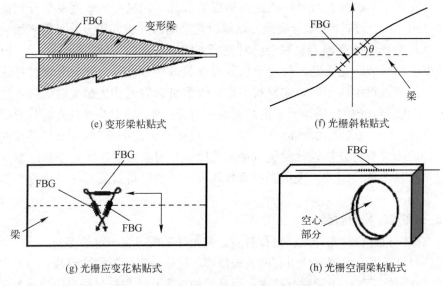

图 1.2 典型的粘贴式光纤光栅封装结构实例（续）

1.2.2 封装与敏化技术

目前，国内外研究中对光纤光栅封装结构设计的报道较多，针对封装增敏材料的配方设计及制备和封装工艺的研究报道较少，而且多是针对具体情况研究的个案，对封装技术进行系统研究的尚不多见。当前，针对光纤光栅的实用化封装技术已取得了一系列重要进展，部分产品也逐渐从实验室走向商品化。在光纤光栅传感器的设计和使用中，光纤光栅的敏化和封装是相辅相成的，往往一并考虑处理。

1. 光纤光栅的应变增敏封装

目前，国内外典型的应变增敏结构主要为管柱式增敏结构，以弹性梁为衬底，以简支梁、悬臂梁和扭梁为基础，进行变型或组合（如双侧悬臂梁、层叠型梁、菱面型梁、空洞型梁等），可设计出多种类型的应变增敏模型及其传感器[39]。通过特殊设计的弹性梁，还可将弯矩和扭矩转化为应力、位移、曲率、转角等传感参量，实现多种参量的高精度感测。

由于加速度、超声波、力等物理量都可转化为应变测量，所以应变增敏技术引起了各国学者的广泛研究。对于在石英光纤中写入的光栅，1989 年，Moery 等实验测得波长为 800nm 的光纤光栅波长灵敏度约为 0.64pm/$\mu\varepsilon$；1995 年，Rao 等实验测得波长 1550nm 的光纤光栅灵敏度约为 1.15pm/$\mu\varepsilon$。2002 年，万里冰[40]等采用不锈钢管对光纤 Bragg 光栅进行封装，作为应变传感器，灵敏度系数达到 1.19pm/$\mu\varepsilon$。

2. 光纤光栅温度增敏封装

研究表明，光纤光栅在不受应力作用的条件下，其温度灵敏度主要由衬底材料的热膨胀系数决定[17]。因此，用热膨胀系数较大的金属或聚合物材料对光纤光栅进行封装处理，可不同程度地提高光纤光栅的温度灵敏度。对于金属封装常用的是各种金属基片，如不锈钢片、铝片、铜片等。于秀娟[41-42]等分别采用铜片、钛合金片对光纤光栅进行封装，在基本不改变光纤光栅应变灵敏度的情况下，温度灵敏度系数分别提高了 2.78 倍和 1.76 倍。目前针对聚合物温度增敏封装，国内外研究较多的是管式灌封增敏模型[43]。采用特殊的耐高温有机聚合物对光纤光栅进行温度增敏封装，并通过改进光纤光栅的聚合物封装固化工艺，使用有机硅导热胶减小有机聚合物与套管材料的黏合度，消除了封装过程中由于聚合物材料不均匀收缩引起的光纤光栅反射谱啁啾化，实现 20~180℃内光纤光栅传感器对温度高灵敏度测量；聚合物封装光纤光栅传感器温度响应灵敏度在 20~130℃为 0.05nm/℃，在 130~180℃达到了 0.22nm/℃，并在两个区域保持较好的线性与重复性。此封装方法工艺简单、易于实现，可用于高温恶劣环境下的温度单参量测量。因此，采用膨胀系数较大的增敏材料封装光纤光栅是增加灵敏度的有效途径。

3．光纤光栅温度补偿封装

以适当的结构和材料对光纤光栅进行封装，使光纤光栅产生一定的应变，该应变引入的波长漂移应可抵消由温度变化引起的波长漂移，这就是温度补偿式封装，一般也称为绝热封装。在国外[44-45]，美国联合技术公司开发的温度补偿封装光纤光栅滤波器曾获得发明专利；悉尼大学的研究人员发表了对光纤光栅进行温度补偿的试验报告，利用殷钢与铅构成的架式结构进行了原理性试验，与未补偿的光纤光栅相比，其温度灵敏度减少到 1/13。在国内，俞钢[46]等采用如图 1.3 所示的剪刀形封装装置，在-30℃~80℃内，其温度补偿效果达到 0.001nm/℃，该封装形式已获国家专利。

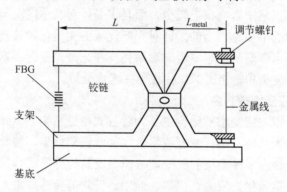

图 1.3 剪刀型光纤光栅温度补偿封装结构

此外，还有采用负温度系数材料和磁致伸缩材料的方法[47-48]。例如，采用基于液晶聚合物管的温度补偿方法，在-35℃~75℃内，对 1550nm 波段的光纤 Bragg 光栅温度响应低至 0.13nm/100℃的程度；黄勇林[49]等采用负温度系数材料，在-20℃~44℃获得了波长变化 0.08nm 的温度补偿。

随着各国研究人员的不断研究探索以及各种新材料、新结构的提出和应用，封装技术逐渐呈现出多样化的局面，正在成为一个较为全面而复杂的体系。有关光纤光栅封装的新结构、新材料仍在不断被提出和应用，科技论文中每年都有大量的相关报道。随着研究的不断深入，相信许多工程应用难题会相继得到解决，为更多的新型光纤光栅传感器最终走上产业化铺平道路。

1.2.3 封装技术面临的主要问题

封装技术作为光纤光栅传感技术的关键技术之一，已取得了长足的进展，许多产品已经实现了商品化。但针对大型武器装备的检测，目前已有的光纤光栅传感器尚不能完全满足要求。一方面，武器装备特殊的使用环境，对光纤光栅传感器的性能及可靠性提出了更高的要求；另一方面，大型设备自身结构及受力的复杂性，也要求光纤光栅传感器具备更高的感测灵敏度。归纳起来，主要表现在以下几个方面：

（1）现有光纤光栅传感器封装体积过大，应用不便；用于应变测量时难于测量具有曲面构件的应变，且粘接困难，与被检测构件不易结合。

（2）目前光纤光栅传感器的感测灵敏度还不够高，仍依赖高精度的波长解调装置，系统成本较高。

（3）光纤光栅对温度和应变都是敏感的，单根光栅无法实现温度和应变参数的分离，且不能实现对大型设备的多参数同时测量。

（4）光纤光栅横向效应的存在，使其在测量应力方向不确定或方向不断变化的应力时，会产生较大的测量偏差。如在大型设备工作过程中，主要承力部件所受应力的方向都是不断变化的。

（5）单根光纤光栅只能精确测量与光栅轴向一致的一维线应变，无法获取被测点二维平面应变信息，因此不能分析复杂应力条件下大型设备关键部位的应变场分布。

1.3 光纤光栅传感技术发展趋势

目前，光纤光栅传感技术仍然处在迅速发展的阶段，以光纤 Bragg 光栅为传感基元的光纤光栅传感器仍为研发和应用的主流。可以预见，随着光纤光栅传感器的商品化和性能的不断提高，光纤光栅必将在传感领域呈现出巨大的活力，在国防和国民经济建设中发挥重要的、不可替代的作用。从当前的研究热点来看，光纤光栅传感技术今后发展的趋势有：

（1）完善现有的光纤光栅制作工艺，降低成本、提高其稳定性和使用寿命，制作出专门用于传感的高品质特种光纤光栅（例如聚合物光纤光栅和光子晶体光纤光栅等）。

（2）完善光纤光栅封装及敏化技术，提高光纤光栅传感器长期运行的稳定性，以及感测信号的灵敏度；选择合适的材料、设计精巧的结构，实现光纤光栅对多种物理量进行同时测量，并且有效克服应变和温度交叉敏感的影响。

（3）对光纤光栅的复用技术进行深入研究，这是光纤光栅传感器特有的技术，也是实现多点、准分布式传感的重要途径，而分布式、多参量感测的传感网络系统是实现大型设备结构体实时检测的关键。

（4）加强光纤光栅波长信号解调技术的研究，即精确测量波长漂移的技术，解调系统的性能直接决定测量的分辨率。研制开发性能好、价格低、易于实现商品化的解调设备，是光纤光栅传感的核心技术之一。

参 考 文 献

[1] 赵勇. 光纤光栅及其传感技术[M]. 北京：国防工业出版社, 2007.

[2] Chen Z, Yuan L, Hefferman G, et al. Terahertz fiber Bragg grating for distributed sensing[J]. IEEE Photonics Technology Letters, 2015, 27(10): 1034-1087.

[3] 孙丽. 光纤光栅传感应用问题解析[M]. 北京：科学出版社, 2012.

[4] 吴洁, 薛玲玲. 光纤传感器的研究进展[J]. 激光杂志, 2007, 5: 4-5.

[5] Damian R, Pawel N, James R M, et al. Interrogation of a dual-fiber-Bragg-grating sensor using an arrayed waveguide grating[J]. IEEE Transaction on Instrumentation and Measurement, 2007, 56(6): 2641-2645.

[6] 王琳慧. 基于光纤光栅的电机温度测量系统的研究[D]. 沈阳：沈阳工业大学, 2018.

[7] 崔洪亮, 常天英. 光纤传感器及其在地质矿产勘探开发中的应用[J].吉林大学学报（地球科学版）2012, 42(5): 1571-1579.

[8] 张谢东, 李永斌, 李卫华, 等. 光纤Bragg光栅传感器在桥梁应力检测中的时效性研究[J]. 桥梁建设, 2006, 02: 74-76.

[9] 张兴周. Bragg光纤光栅与光纤传感技术[J]. 光学技术, 1998, 7(4): 70-74.

[10] 梁磊, 姜德生, 周雪芳, 等. 光纤Bragg光栅传感器在土木工程中的应用[J]. 河南科技大学学报（自然科学版）, 2003, 24(2): 86-89.

[11] 李天星. 光纤Bragg光栅在缆索结构测量中的应用[D]. 昆明：昆明理工大学, 2011.

[12] Hill K O, Fujii Y, Johnson D C, et al. Photosensitivity in optical fiber waveguide: Application to reflection filter fabrication[J]. Applied Physics Letters, 1978, 32(10): 647-649.

[13] Morey W W. et al. Fiber optic Bragg grating sensors[C]. Proceedings of SPIE, 1989, 1161:98-107.

[14] 姜德生, 何伟. 光纤光栅传感器的应用概况[J]. 光电子·激光, 2002, 13(4): 420-430.

[15] 杨亦飞, 刘波, 张伟刚, 等. 工程化光纤光栅应变传感器的制作及其应用[J]. 仪表技术与传感器, 2005, 04: 1-2.

[16] 安勇龙, 叶敦范. 光纤光栅传感器的工作原理和应用实例[J]. 仪表仪器与分析监测, 2005, 01: 5-7.

[17] 刘钦朋. 光纤布拉格光栅加速度传感技术[M]. 北京：国防工业出版社, 2015.

[18] 曹晔, 刘波, 开桂云, 等. 光纤光栅传感技术研究现状及发展前景[J]. 传感器技术, 2005, 24(12): 1-4.

[19] 刘文义, 张文涛, 李丽, 等. 光纤传感技术——未来地震监测的发展方向[J]. 地震, 2012, 32(4): 92-102.

[20] 邵敏, 乔学光, 傅海威, 等. 光纤传感技术在地震勘探中的应用[J]. 地球物理学进展, 2011, 26(1): 342-348.

[21] Friebele P, et al. Fiber Bragg grating strain sensors：Present and future application in smart structures [J]. Optics and Photonics News, 1998, 9: 33-37.

[22] 杨凯庆. 基于光纤光栅的流量传感研究[D]. 西安:西安石油大学, 2021.

[23] Sylvain M, Jonathan B, et al. Health monitoring of the Saint-Jean bridge of Bordeaux, France using fiber Bragg grating extensometers[C]. Proceedings of SPIE 5050, San Diego, 2003, 305-316.

[24] 赵海涛, 张博明, 武湛君, 等. 光纤光栅智能复合材料基础问题研究[J]. 传感器与微系统, 2007(12): 27-30.

[25] 张自嘉. 光纤光栅理论基础与传感技术[M].北京：科学出版社, 2009.

[26] Foote P D. Fiber Bragg grating strain sensors for aerospace smart structure [C]. Proceedings of SPIE, 1994, 2361: 162-166.

[27] Yoffe G W, Krug P A, Ouellette F, et al. Passive temperature-compensating package for optical fiber gratings[J]. Applied Optics 1995, 34(30): 6859-6861.

[28] Jung J, Nam H, Lee B. Fiber Bragg grating temperature sensor with controllable sensitivity [J]. Applied Optics, 1999, 38(13): 2752-2754.

[29] 孙诗晴, 初凤红, 卢家焱. 光纤布拉格光栅传感器交叉敏感问题的研究进展[J]. 激光与光电子学进展, 2017(04): 82-91.

[30] 魏鹏, 李丽君, 郭俊强, 等. 光纤 Bragg 光栅应力传感中温度交叉敏感问题研究[J]. 应用光学, 2008(01): 105-109.

[31] 苏福根. 光纤布拉格光栅在传感中的应用研究[D]. 北京: 北京邮电大学, 2013.

[32] 陈建军, 张伟刚, 涂勤昌. 基于光纤光栅的高灵敏度流速传感器[J]. 光学学报, 2006(8): 1136-1139.

[33] 吴朝霞, 吴飞. 光纤光栅传感原理及应用[M]. 北京: 国防工业出版社, 2011.

[34] 高芳芳. 基于光纤光栅的多维力传感技术研究[D]. 济南: 山东大学, 2014.

[35] 袁虎, 邓华秋. 光纤 Bragg 光栅封装技术研究[J]. 光通信技术, 2011(2): 28-29.

[36] 李彬, 刘艳, 谭中伟, 等. 一种简易的光纤光栅涂敷装置[J]. 光学技术, 2006, 32(4): 571-573.

[37] 张伟刚, 杨亦飞, 刘波, 等. 新型光纤光栅传感器的设计[J]. 光电子·激光, 2004, 15: 246-250.

[38] 张伟刚, 涂勤昌, 孙磊, 等. 光纤光栅传感器的理论、设计及应用的最新进展[J]. 物理学进展, 2004, 24(4): 398-423.

[39] 高雪清, 荣峥. 光纤 Bragg 光栅封装后的温敏特性研究[J]. 光电技术应用, 2006, 21(4): 15-26.

[40] 万里冰, 张博明, 王殿富, 等. 一种封装的光纤 Bragg 光栅应变传感器[J]. 激光技术, 2002, 26(5): 385-387.

[41] 于秀娟, 余有龙, 张敏, 等. 铜片封装光纤光栅传感器的应变和温度传感特性研究[J]. 光子学报, 2006, 35(9): 1325 -1328.

[42] 于秀娟, 余有龙, 张敏, 等. 钛合金片封装光纤光栅传感器的应变和温度传感特性研究[J]. 光电子激光, 2006, 17(5): 564-567.

[43] 刘钦朋, 乔学光, 贾振安, 等. 光纤 Bragg 光栅增敏技术研究进展[J]. 传感器与微系统，2006, 25(4): 5-11.

[44] Yoffe G W, Krug P A, Ouellette F, et al. Passive temperature-compensating package for optical fiber gratings[J]. Applied Optics, 1995, 34(30): 6859-6861.

[45] Iwashima T, Inoue A, Shifgematsu M, et al. Temperature compensation technique for fiber Bragg gratings using liquid crystalline polymer tubes[J]. Electronics Letters, 1997, 33(5): 417-419.

[46] 俞钢. 新型剪刀式光纤光栅封装和低温传感装置的研究[D]. 杭州：浙江大学, 2004.

[47] 曹彬, 欧攀, 贾明, 等. 一种新型光纤光栅温度补偿装置[J]. 中国激光, 2008, 35(12): 1959-1961.

[48] 易本顺, 胡瑞敏, 朱子碧, 等. 磁致伸缩调制型光纤 Bragg 光栅的温度补偿方法[J]. 中国激光, 2002, 29(12): 1085-1088.

[49] 黄勇林, 李杰, 开桂云, 等. 光纤光栅的温度补偿[J]. 光学学报, 2003, 23(6): 677-679.

第2章 光纤光栅传感的基本理论及模型

光纤光栅实际上是纤芯折射率沿轴向呈周期性变化的光纤，因此光波在光纤光栅中的传播规律符合光纤波导的一般理论。在光纤和波导光栅得到广泛应用之前，许多研究者已经对电磁波在周期结构或准周期结构中的传播作了广泛深入的研究。近年来，出现了许多模型和理论求解周期结构波导的光学特性，应用较多的有耦合模理论、有效折射率法、布洛克波分析法（Block Wave Analysis, BWA）、传输矩阵等[1-3]。其中应用最广泛的是以 Maxwell 方程组为出发点推导得出的耦合模理论，它是详细分析光纤光栅频谱特性的理论基础。特别对于光纤 Bragg 光栅，利用耦合模理论可以精确推导出光纤光栅特性的解析表达式，从而对光栅反射光谱进行分析。此外，研究光波在光纤光栅中的传输规律，对于准确理解光纤光栅的特性，以及正确地设计和使用光纤光栅传感器均具有重要的理论指导意义。

2.1 光纤波导的理论基础

2.1.1 光波的电磁理论基础

光是电磁波，具有电磁波的一般通性。因此，光波在光纤中传输的一些基本性质都可以从电磁场的基本方程中推导出来，这些方程就是众所周知的 Maxwell 方程组。真空中的电磁场由电场强度 E 和磁感强度 B 两矢量描述。而为描述电磁场对物质的作用，需再引进电感强度 D 和磁场强度 H 以及电流密度 j 三个矢量。在场中的每一点，五个矢量随时间和空间的变化关系由下述 Maxwell 方程组[4]给出：

$$\begin{cases} \nabla \times \boldsymbol{H} = \boldsymbol{j} + \dfrac{\partial \boldsymbol{D}}{\partial t} \\ \nabla \times \boldsymbol{E} = -\dfrac{\partial \boldsymbol{B}}{\partial t} \\ \nabla \cdot \boldsymbol{B} = 0 \\ \nabla \cdot \boldsymbol{D} = \rho \end{cases} \quad (2.1)$$

式中：ρ 为自由电荷密度。在介质中频率为 ω 的电磁场可由电场强度 $\boldsymbol{E}(r,t) = \boldsymbol{E}(r) \cdot e^{i\omega t}$ 和磁感应强度 $\boldsymbol{H}(r,t) = \boldsymbol{H}(r) \cdot e^{i\omega t}$ 表示，它们的时间无关量 $\boldsymbol{E}(r)$，$\boldsymbol{H}(r)$ 满足矢量 Helmholtz 方程

$$\begin{cases} \nabla^2 \boldsymbol{E} + \omega^2 \mu\varepsilon \boldsymbol{E} = 0 \\ \nabla^2 \boldsymbol{H} + \omega^2 \mu\varepsilon \boldsymbol{H} = 0 \end{cases} \quad (2.2)$$

式中：μ、ε 分别是介质的磁化率和介电常数。在直角坐标系中，$\boldsymbol{E}$、$\boldsymbol{H}$ 的 x, y, z 分量均满足标量 Helmholtz 方程

$$\nabla^2 \psi + \omega^2 \mu \varepsilon \psi = 0 \qquad (2.3)$$

式中：ψ 代表 **E**、**H** 的各个分量。此外，在介质的界面处电磁场满足的边界条件是

$$\begin{cases} \boldsymbol{n} \cdot (\boldsymbol{B}_1 - \boldsymbol{B}_2) = 0 \\ \boldsymbol{n} \cdot (\boldsymbol{D}_1 - \boldsymbol{D}_2) = 0 \\ \boldsymbol{n} \cdot (\boldsymbol{E}_1 - \boldsymbol{E}_2) = 0 \\ \boldsymbol{n} \cdot (\boldsymbol{H}_1 - \boldsymbol{H}_2) = 0 \end{cases} \qquad (2.4)$$

式中：**n** 表示界面的法线方向。Maxwell 方程组、Helmholtz 方程以及边界条件是研究光纤波导的基本出发点。

2.1.2 光纤的结构及其模式理论

光纤是光导纤维的简称，它是工作在光波波段的一种介质波导，通常呈圆柱形。光纤的基本结构是两层圆柱状媒质，内层为纤芯，外层为包层，包层外为护套，如图 2.1(a) 所示。它利用全反射的理论把以光的形式出现的电磁波能量约束在其界面内，并引导光波沿着波导轴线的方向传播。

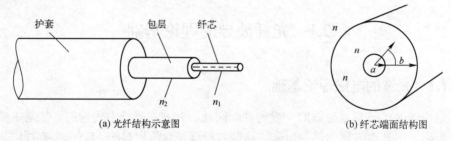

图 2.1 光纤的结构示意图

光波在光纤中传输时，由于纤芯边界的限制，其电磁场解是不连续的，这种不连续的场解称为模式。模式是光波导中的一个基本概念，它具有以下特性[5]：

（1）稳定性：一个模式沿纵向传输时，场分布形式不变。

（2）有序性：模式是波动方程的一系列特征解，是离散的、可排序的。

（3）叠加性：光波导中总的场分布是这些模式的线性叠加。

（4）正交性：同一光波导的不同模式之间满足正交关系；设（**E**, **H**）是光波导中的第 i 次模，（**E**′, **H**′）是第 k 次模，它们分别满足 Maxwell 方程组，则有

$$\begin{cases} \begin{bmatrix} \boldsymbol{E} \\ \boldsymbol{H} \end{bmatrix} = \begin{bmatrix} \boldsymbol{e}_i \\ \boldsymbol{h}_i \end{bmatrix}(x, y) \mathrm{e}^{-\mathrm{i}\beta_i z} \\ \begin{bmatrix} \boldsymbol{E}' \\ \boldsymbol{H}' \end{bmatrix} = \begin{bmatrix} \boldsymbol{e}_k \\ \boldsymbol{h}_k \end{bmatrix}(x, y) \mathrm{e}^{-\mathrm{i}\beta_k z} \end{cases} \qquad (2.5)$$

可以证明有下式成立：

$$\int_{A \to \infty} (\boldsymbol{e}_i \times \boldsymbol{h}_k^*) \cdot \mathrm{d}A = \int_{A \to \infty} (\boldsymbol{e}_k^* \times \boldsymbol{h}_i) \cdot \mathrm{d}A = 0, \qquad i \neq k \qquad (2.6)$$

式中：A 为积分范围；角标 * 表示取共轭。这就是模式正交的数学表达式。

对于图 2.1(b)所示的阶跃光纤，定义光纤的轴向长度为 z，纤芯的半径为 a，折射率为 n_1；包层半径为 b，折射率为 n_2，外界折射率为 n_3。采用标量近似法对其进行分析，在这个近似中，电磁场的横向分量(E_r, E_ϕ)，(H_r, H_ϕ)均满足标量 Helmholtz 方程。此时纤芯和包层界面处的边界条件是：在两种介质的界面处，标量本身连续，并且其变化率沿界面的法线方向连续。定义阶跃光纤中传播的光波场为

$$\psi(r,\varphi,z,t) = \psi_t(r,\varphi) \cdot e^{i(\omega t - \beta z)} \tag{2.7}$$

式中：β 为传播常数；ψ_t 为横向电磁场。将式（2.7）代入标量 Helmholtz 方程，并用分离变量法可得

$$\begin{cases} \dfrac{d^2 R}{dr^2} + \dfrac{1}{r} \cdot \dfrac{dR}{dr} + \left(k^2 - \beta^2 - \dfrac{m^2}{r^2}\right) \cdot R = 0 \\ \dfrac{d^2 \Phi}{d\varphi^2} + m^2 \cdot \Phi = 0 \end{cases} \tag{2.8}$$

式中：R 和 Φ 满足 $\psi_t(r,\varphi) = R(r) \cdot \Phi(\varphi)$，$k^2 = \omega^2 \mu \varepsilon = n^2 k_0^2$，$k_0$ 是真空中的波数，m 为整数。式（2.8）中关于 R 的 Bessel 方程，其解为 Bessel 函数。

对于单模光纤中的导模，其光场主要限制于光纤的纤芯，因此只考虑芯层和包层的光场即可。另外，导模的有效折射率介于芯层折射率和包层折射率之间，即 $n_1 > n_{\text{eff\_core}} > n_2$；其中，$n_{\text{eff\_core}}$ 为导模的有效折射率，它满足 $n_{\text{eff\_core}} = \beta/k_0$。对于导模，$R$ 和 Φ 的解为

$$\begin{cases} \psi_t(r,\varphi) = J_m(u \cdot r) e^{\pm im\varphi}, & r < a \\ \psi_t(r,\varphi) = A \cdot K_m(w \cdot r) e^{\pm im\varphi}, & r > a \end{cases} \tag{2.9}$$

式中：$u = k_0 \sqrt{n_1^2 - n_{\text{eff\_core}}^2}$；$w = k_0 \sqrt{n_{\text{eff\_core}}^2 - n_2^2}$。考虑上述边界条件——在纤芯和包层的界面处的光波场 ψ 及其导数连续，代入式（2.9），可得导模的本征方程

$$u \cdot \frac{J_{m+1}(u \cdot a)}{J_m(u \cdot a)} = w \cdot \frac{K_{m+1}(w \cdot a)}{K_m(w \cdot a)} \tag{2.10}$$

由此式可以得出光纤中导模的有效折射率 $n_{\text{eff\_core}}$。

对于包层模，光场不仅局限于光纤的芯层，所以包层和其外环境都必须加以考虑。从而，式（2.7）的解为

$$\begin{cases} \psi_t(r,\varphi) = J_m(u_1 \cdot r) e^{\pm im\varphi}, & r < a \\ \psi_t(r,\varphi) = [b_1 J_m(u_2 \cdot r) + b_1 Y_m(u_2 \cdot r)] e^{\pm im\varphi}, & a < r < b \\ \psi_t(r,\varphi) = K_m(w_3 \cdot r) e^{\pm im\varphi}, & r > b \end{cases} \tag{2.11}$$

式中：$u_1 = k_0 \sqrt{n_1^2 - n_{\text{eff\_clad}}^2}$，$u_2 = k_0 \sqrt{n_2^2 - n_{\text{eff\_clad}}^2}$，$w_3 = k_0 \sqrt{n_{\text{eff\_clad}}^2 - n_3^2}$。

将以上几式代入纤芯和包层以及包层和外界界面处的边界条件即可以得到包层模有效折射率的本征方程

$$\begin{vmatrix} J_m(u_1 \cdot a) & -J_m(u_2 \cdot a) & -Y_m(u_2 \cdot a) & 0 \\ PJ_m(u_1 \cdot a) & -PJ_m(u_2 \cdot a) & -Y_m(u_2 \cdot a) & 0 \\ 0 & J_m(u_2 \cdot b) & Y_m(u_2 \cdot b) & -K_m(w_3 \cdot b) \\ 0 & PJ_m(u_2 \cdot b) & PY_m(u_2 \cdot b) & -PK_m(w_3 \cdot b) \end{vmatrix} = 0 \qquad (2.12)$$

由式（2.12）便可解得包层模的有效折射率 $n_{\text{eff\_clad}}$。式中 $PJ_m(x)$ 的定义为

$$PJ_m(x) = m \cdot PJ_m(x) - x \cdot PJ_{m+1}(x) \qquad (2.13)$$

$PY_m(x)$、$PK_m(x)$ 的定义与 $PJ_m(x)$ 相同，只需将式（2.13）中的 J 分别换成 Y 和 K 即可。

本节讨论了光纤中的不同模式，介绍了计算光纤中导模和包层模有效折射率的方法，为下一步讨论光纤光栅中模式的耦合理论奠定了基础。

2.2 光纤光栅的耦合模理论

2.2.1 光纤光栅的基本结构及特点

一般光波导中的模式是正交的，而在光波导中加入微扰的情况下，不同的模式有可能发生耦合。光纤光栅就是利用了光纤轴向周期性的折射率变化所造成的电磁波扰动导致模式的耦合，结果使各个模式之间发生了能量的转移，从而产生独特的反射光谱。耦合模理论是把电磁波在周期结构中的传播归结为不同传播模式的耦合，通过求解相应的耦合模微分方程得到电磁波在周期结构中的传播特性。以下先对光纤光栅的基本结构进行介绍，然后讨论光纤 Bragg 光栅的耦合模理论及耦合模方程。

光纤光栅作为一种新型的全光纤无源器件，由于其周期的折射率扰动仅会对很窄的一段光谱产生影响，因此，如果宽带光波在光栅中传播时，入射光能在相应的频率上被反射回来，其余的透射光谱则不受影响，光纤光栅就起到反射镜（或滤波器）的作用。图 2.2 为光波通过光纤 Bragg 光栅的光谱特性。

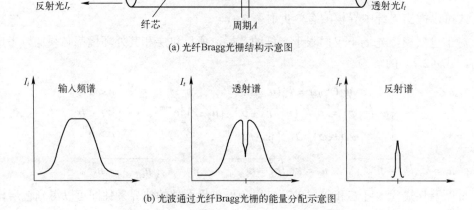

图 2.2 光纤 Bragg 光栅的结构及其反射和透射特性

2.2.2 光纤光栅的耦合模理论

光纤 Bragg 光栅折射率分布如图 2.3 所示，在此假设光纤光栅中导波模式的有效折射率变化如下[6]：

$$\delta n_{\text{eff}}(z) = \delta \bar{n}_{\text{eff}}(z)\left\{1 + v\cos\left[\frac{2\pi}{\Lambda}z + \phi(z)\right]\right\} \tag{2.14}$$

式中：$\delta \bar{n}_{\text{eff}}(z)$ 是光栅的平均折射率变化；v 是折射率变化的边缘可见度；Λ 为光栅周期（长度量纲）；$\Phi(z)$ 描述光栅的相位变化。由 2.1 节讨论的电磁波在光纤中的传播理论可知，电磁波在光纤中的传播方程为

$$\nabla^2 \psi + \varepsilon(\omega)k_0^2 \psi = 0 \tag{2.15}$$

式中：$\varepsilon(\omega)=n^2(\omega)$ 为光纤的介电常数；$n(\omega)$ 为光纤的折射率；$k_0=\omega/c$ 为电磁波的波数；Ψ 为电磁波的电场或磁场分量。

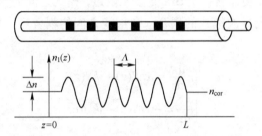

图 2.3　光纤 Bragg 光栅折射率分布示意图

在光纤光栅中，由于折射率 n 受到了周期性的扰动，从而其传播模式也会产生相应的改变。在理想光纤模式的近似条件下，光纤光栅中电磁波的横向分量可以表示为下标为 j 的理想模式（即未受光栅周期结构扰动的模式）的叠加：

$$\psi(x,y,z) = \sum_j [A_j(z)\exp(i\beta_j z) + B_j(z)\exp(-i\beta_j z)] \cdot \psi_{tj}(x,y) \tag{2.16}$$

式中：$A_j(z)$ 和 $B_j(z)$ 分别是第 j 个模式沿 $+z$ 和 $-z$ 方向传播时缓变的幅度函数；$\Psi_{tj}(x,y)$ 是第 j 个模式的横向分量场分部，它可以是导模、包层膜或者辐射模。在理想的、没有折射率微扰的光纤中，这些模式相互正交，没有能量交换。而折射率微扰的引入，使模式间发生能量交换，即产生模式耦合。一个模式沿光纤方向的幅度变化是它和所有模式相互作用的结果，即

$$\begin{cases} \dfrac{dA_j}{dz} = i\sum_k A_k(K_{kj}^t + K_{kj}^z)\exp[i(\beta_k - \beta_j)z] + i\sum_k B_k(K_{kj}^t - K_{kj}^z)\exp[-i(\beta_k + \beta_j)z] \\ \dfrac{dB_j}{dz} = -i\sum_k A_k(K_{kj}^t - K_{kj}^z)\exp[i(\beta_k + \beta_j)z] - i\sum_k B_k(K_{kj}^t + K_{kj}^z)\exp[-i(\beta_k - \beta_j)z] \end{cases} \tag{2.17}$$

式中：K_{kj}^t 为第 j 阶和第 k 阶模式之间的横向耦合系数，定义为

$$K_{kj}^t(z) = \frac{\omega}{4}\iint_\infty dxdy \Delta\varepsilon(x,y,z)e_{kt}(x,y)e_{jt}(x,y) \tag{2.18}$$

式中：$\Delta\varepsilon$ 为介电常数的扰动，当 $\delta n<<n$ 时，$\Delta\varepsilon=2n\delta n$；$K_{kj}^z$ 为第 j 阶和第 k 阶模式之间的纵向耦合系数，对于光纤模式而言，横向模场要比纵向模场大得多（约两个数量级）。因此在光纤光栅中通常忽略纵向模的耦合作用，从而模式耦合主要由模式的横向电磁场分布决定。如果定义

$$\delta_{kj}(z)=\frac{\omega n_{co}}{2}\delta\bar{n}_{co}(z)\iint_{core}\mathrm{d}x\mathrm{d}y\,e_{kt}(x,y)\,e_{jt}(x,y) \tag{2.19}$$

$$k_{kj}(z)=\frac{v}{2}\sigma_{kj}(z) \tag{2.20}$$

分别为光栅的直流耦合系数和交流耦合系数，则其横向耦合系数可以写为

$$K_{kj}^t(z)=\sigma_{kj}(z)+2k_{kj}(z)\cos\left[\frac{2\pi}{\Lambda}z+\phi(z)\right] \tag{2.21}$$

对于光纤 Bragg 光栅而言，在 Bragg 波长附近，模式之间的耦合主要是入射于光栅的前向导波模式与后向导波模式的耦合（包层模之间的耦合可以忽略不计），其耦合方程为

$$\begin{cases}\dfrac{\mathrm{d}R}{\mathrm{d}z}=\mathrm{i}\hat{\sigma}R(z)+\mathrm{i}kS(z)\\ \dfrac{\mathrm{d}S}{\mathrm{d}z}=-\mathrm{i}\hat{\sigma}S(z)-\mathrm{i}k^*R(z)\end{cases} \tag{2.22}$$

式中：$R(z)$ 和 $S(z)$ 分别代表沿光纤光栅轴向（z 轴）正、反传播的电场模式，其定义分别为

$$R(z)=A(z)\exp(\mathrm{i}\delta z-\phi/2) \tag{2.23}$$

$$S(z)=B(z)\exp(-\mathrm{i}\delta z+\phi/2) \tag{2.24}$$

式（2.22）中：k 为交流(AC)耦合系数；$\hat{\sigma}$ 为总的直流（DC）自耦合系数，其定义为

$$\hat{\sigma}=\delta+\sigma-\frac{1}{2}\frac{\mathrm{d}\phi}{\mathrm{d}z} \tag{2.25}$$

而电磁波的频率失调 δ 的定义为 $\delta=\beta-\dfrac{\pi}{\Lambda}=2\pi n_{\mathrm{eff}}\left(\dfrac{1}{\lambda}-\dfrac{1}{\lambda_{\mathrm{B}}}\right)$，其中 $\lambda_{\mathrm{B}}=2n_{\mathrm{eff}}\Lambda$ 为 Bragg 光栅的设计波长，Λ 为光栅的周期，λ 为电磁波（光波）波长。

对单模的 Bragg 反射光栅，有以下关系成立：

$$\sigma=\frac{2\pi}{\lambda}\overline{\delta n}_{\mathrm{eff}} \tag{2.26}$$

$$k=k^*=\frac{\pi}{\lambda}v\overline{\delta n}_{\mathrm{eff}} \tag{2.27}$$

当光栅在 z 方向均匀变化时，$\overline{\delta n}_{\mathrm{eff}}$ 是恒量，且 $\dfrac{\mathrm{d}\phi}{\mathrm{d}z}=0$，因此，$k$、$\sigma$、$\hat{\sigma}$ 都是恒量。Bragg 的耦合模方程即为一阶常微分方程，加入边界条件 $R(-L/2)=1$，$S(L/2)=0$，可得光波在 L 处的反射强度为

$$r = \frac{\sinh^2\left(\sqrt{k^2 - \hat{\sigma}^2} L\right)}{\cosh^2\left(\sqrt{k^2 - \hat{\sigma}^2} L\right) - \frac{\hat{\sigma}^2}{k^2}} \tag{2.28}$$

以上简单分析了光纤光栅的耦合模理论,并介绍了均匀光纤 Bragg 光栅通过耦合模理论得到的传输振幅的计算公式。对于其他几种光纤光栅的分析理论,不少文献资料上都有详细的介绍,在此不作赘述。

2.2.3 光纤光栅的基本特征参数

光纤光栅作为一种飞速发展的敏感元件,是制作高性能传感器的基础,因而无论是设计还是使用光纤光栅传感器,都必须了解光纤光栅的一些基本特征参量。利用上述耦合模理论对光纤 Bragg 光栅进行分析的结果,现将已推导出表征光纤 Bragg 光栅性能的主要指标和基本光学参量总结如下[7-8]。

(1)Bragg 中心波长 λ_B:光纤光栅中处于谐振状态时的特定波长,即光纤光栅反射光谱的峰值波长,表达式为

$$\lambda_B = 2n_{\text{eff}} \Lambda \tag{2.29}$$

由上式可以看出,Bragg 中心波长由光纤有效折射率 n_{eff} 和光栅周期 Λ 共同决定。当外界条件发生变化时(如温度场、应变场等),将导致光纤光栅的有效折射率或光栅周期发生改变,从而引起光纤光栅 Bragg 波长的变化。

(2)传感光栅的长度:它决定了测量点的精确程度,理论上光栅的长度越小,测量点越精确。而实际制作光栅时要综合光纤光栅的各种参数,光栅越短,反射率越低,带宽越宽。过短的光栅,其反射率和带宽都很难达到要求,因此要在三者之间进行平衡。所以,对于 0.25nm 的带宽,推荐传感光栅的物理长度应为 10mm,这个长度适合大多数应用场合。

(3)反射带宽:每个光纤光栅反射峰值所对应的波长范围,理论上光纤光栅的带宽越小,测量精度越高,但从实际的制作工艺水平和可行的精度来看,最合理的值应该在 0.2~0.3nm,通常取 0.25nm。此外,一般解调设备的峰值探测算法通常是在假设带宽为 0.25nm 和反射谱形为光滑高斯型的基础上设计出来的,带宽过宽会降低波长测量的准确性。

(4)反射率:利用上述耦合模理论对周期性光栅进行分析,可推导出光纤光栅的反射率 R 的表达式为

$$R = \left|\frac{A_r(0)}{A_i(0)}\right|^2 = \frac{K^* K \sinh^2(sL)}{(\delta\beta/2)^2 \sinh^2(sL) + s^2 \cosh^2(sL)} \tag{2.30}$$

光纤光栅的反射率越高,返回测量系统的光功率就越大,相应的测试距离就越长。反射率越小,噪声对其的影响就越大,对于波长解调仪的工作要求就越高,影响测量精度。为了获得最好的性能,推荐光栅反射率应该大于 90%。但是在强调高反射率的同时,也要考虑边模抑制。

（5）边模抑制：对一个两边有许多旁瓣的光纤光栅传感器，波长解调仪会错误地把某些旁瓣当作峰值。所以说反射率决定信号强度，边模抑制决定信噪比。控制边模、提高边模抑制比，需要具有较高的制造光纤光栅的工艺水平。选用高质量的全息相位掩模板及光学切趾可以平滑传感器的光谱，消除旁瓣。在光纤光栅反射率大于90%的情况下，边模抑制比应高于15dB，以确保边模不会干扰反射峰值的探测。

光纤光栅的光学切趾是指在光栅中光感折射率调制的振幅沿着光栅长度方向有一个钟型函数的形状变化。因为光学切趾能够避免光栅的短波损耗和有效抑制光纤Bragg光栅的反射谱，并能减少啁啾光纤光栅时延特性的振荡。目前，由于光栅写入技术的进步和光学精细度的提高，已经可以制造出边模抑制比超过20dB的光纤光栅，完全满足光纤光栅传感器的要求。图2.4给出了经过高斯切趾前后的光纤光栅反射图谱的效果比较图。

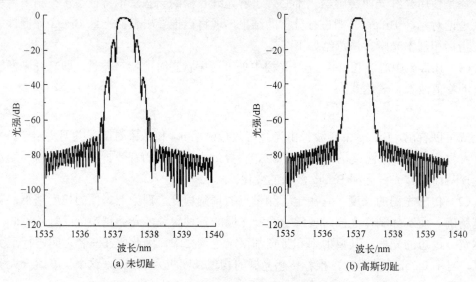

图 2.4 光纤光栅切趾前后反射图谱比较

2.3 光纤光栅传感的基本原理

由前面内容已知，光纤Bragg光栅的中心反射波长与光栅周期和纤芯的有效折射率有关，其关系表达式为

$$\lambda_B = 2n_{eff}\Lambda \tag{2.31}$$

温度和应变是光纤光栅所能直接敏感的物理参量，在温度和应变的作用下，光纤Bragg光栅的有效折射率和光栅周期会发生改变，从而引起光纤光栅反射谱中心波长产生相应的变化，这就是光纤光栅传感器工作的基本原理。图2.5给出了光纤光栅传感原理的示意。而其他一些物理参量如压力、振动、加速度、流量、磁场、电流等均是以应变和温度传感为基础转化而来的。因此，对光纤光栅应变和温度传感模型的建立和分析具有十分重要的意义，有助于进一步指导实践，并将为下一步进行光纤光栅的封装实验研究奠定理论基础。

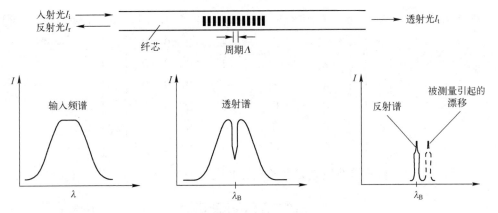

图 2.5 光纤 Bragg 光栅的传感原理示意图

2.4 光纤光栅应变传感模型

应变是反映材料和结构力学特征的重要参数之一,从材料和结构中的应变分布情况能够得到构件的强度储备信息,并能确定构件局部位置的应力集中以及构件所受实际载荷的状况[9]。应变的测量被广泛用于材料的性能测试、机械设备及其模型的受力变形测量、工程结构的损伤检测及振动测试等方面。因此,应变是材料与结构的重要物理特性,是大型设备实现智能检测及健康监测最为重要的参数之一。

要利用光纤光栅对大型设备进行应变检测,必须首先建立光纤光栅自身的应变传感模型。在保持温度恒定的前提下,必须首先提出以下几点假设[10]:

(1)由石英材料制成的光纤光栅在所研究的应力范围内为理想的弹性体,遵循胡克定理,且内部不存在切应变(该假设与实际情况也非常接近,只要不接近光纤本身的断裂极限,都可以认为该假设是成立的)。

(2)光纤光栅作为传感元件,其自身结构仅包括纤芯和包层两层,忽略所有外包层的影响。直接获得的光纤光栅本身就处于裸光纤状态,对裸光纤结构的分析能更直接地反映光纤光栅本身的传感特性,而不至于被其他因素所干扰。

(3)所有应力均为静应力,不考虑应力随时间的变化情况。

(4)紫外光引起的光敏折射率变化在光纤横截面上均匀分布,且这种光敏折变不影响光纤本身各向同性的特性,即光纤光栅仍满足弹性常数多重简并的特点。

下面将在这些假设的基础上,首先介绍各向同性介质中胡克定律,然后分别建立光纤光栅在均匀轴向应力及横向应力条件下的传感模型。

2.4.1 各向同性介质中的胡克定律

由材料力学中的相关知识知,胡克定律的一般形式可表示为[11]

$$\sigma_i = C_{ij}\varepsilon_j , \quad i,j = 1,2,3,4,5,6 \tag{2.32}$$

式中:σ_i 为应力张量;C_{ij} 为弹性模量;i,j=1,2,3,4,5,6,分别代表 X、Y、Z、YZ、XZ、XY 六个方向;ε_j 为光纤光栅在以上各个方向上的应变。

对于各向同性介质，可对 C_{ij} 进行简化，并引入常数 λ，用 μ 来表示弹性模量，得

$$\begin{bmatrix} \sigma_1 \\ \sigma_2 \\ \sigma_3 \\ \sigma_4 \\ \sigma_5 \\ \sigma_6 \end{bmatrix} = \begin{bmatrix} \lambda+2\mu & \lambda & \lambda & 0 & 0 & 0 \\ \lambda & \lambda+2\mu & \lambda & 0 & 0 & 0 \\ \lambda & \lambda & \lambda+2\mu & 0 & 0 & 0 \\ 0 & 0 & 0 & \mu & 0 & 0 \\ 0 & 0 & 0 & 0 & \mu & 0 \\ 0 & 0 & 0 & 0 & 0 & \mu \end{bmatrix} \cdot \begin{bmatrix} \varepsilon_1 \\ \varepsilon_2 \\ \varepsilon_3 \\ \varepsilon_4 \\ \varepsilon_5 \\ \varepsilon_6 \end{bmatrix} \qquad (2.33)$$

式中：λ 和 μ 可由材料的弹性模量 E 及泊松比 ν 表示为

$$\begin{cases} \lambda = \dfrac{\nu E}{(1+\nu)(1-2\nu)} \\ \nu = \dfrac{E}{2(1+\mu)} \end{cases} \qquad (2.34)$$

式（2.33）和式（2.34）为均匀材料中胡克定律的一般形式，由于光纤为柱形结构，因此可采用柱坐标下应力应变的表达方式，即将上式中的下标改为 (r, θ, z) 的组合来表示纵向、横向及剪切应变。

2.4.2 均匀轴向应力传感模型

均匀轴向应力是指对光纤光栅进行纵向拉伸或压缩时光纤光栅所产生的应力，根据材料力学原理，在单向拉伸的受力状况下，光纤光栅的各项应力可表示为 $\sigma_{zz}=-P$，$\sigma_{rr}=\sigma_{\theta\theta}=0$，$P$ 为光纤光栅所受到的拉伸力（或压缩力），且不存在切向应力，则三个方向的应变分别为

$$\varepsilon_{zz} = -\frac{P}{E}, \quad \sigma_{rr} = \sigma_{\theta\theta} = -\nu\varepsilon_{zz} = \nu\frac{P}{E} \qquad (2.35)$$

式中：$E=7.1\times10^{10}$ Pa 为光纤光栅的弹性模量；$\nu=0.17$ 为纤芯材料的泊松比。从而应变矩阵可进一步表示为

$$\varepsilon_j = \begin{bmatrix} \nu\dfrac{P}{E} & \nu\dfrac{P}{E} & -\dfrac{P}{E} \end{bmatrix}^{\mathrm{T}} \qquad (2.36)$$

对光纤 Bragg 光栅中心波长方程的表达式（2.31）两边同时取微分，得

$$\mathrm{d}\lambda_{\mathrm{B}} = 2\Lambda \mathrm{d}n_{\mathrm{eff}} + 2n_{\mathrm{eff}}\mathrm{d}\Lambda \qquad (2.37)$$

对上式两端分别除以式（2.31）两边的项，得

$$\frac{\mathrm{d}\lambda_{\mathrm{B}}}{\lambda_{\mathrm{B}}} = \frac{\mathrm{d}n_{\mathrm{eff}}}{n_{\mathrm{eff}}} + \frac{\mathrm{d}\Lambda}{\Lambda} \qquad (2.38)$$

由于在线弹性范围内，有

$$\frac{\mathrm{d}\Lambda}{\Lambda} = \frac{\Delta L}{L} = \varepsilon \qquad (2.39)$$

式中：L 代表光纤的总长；ΔL 代表光纤的纵向伸缩量。将式（2.37）展开得

$$\Delta\lambda_{\mathrm{B}z} = 2\Lambda\left(\frac{\mathrm{d}n_{\mathrm{eff}}}{\mathrm{d}L}\cdot\Delta L + \frac{\mathrm{d}n_{\mathrm{eff}}}{\mathrm{d}a}\cdot\Delta a\right) + 2\frac{\mathrm{d}\Lambda}{\mathrm{d}L}\Delta L \cdot n_{\mathrm{eff}} \qquad (2.40)$$

式中：a 表示光纤直径；Δa 表示由于纵向拉伸引起的光纤直径变化；$\dfrac{\mathrm{d}n_{\mathrm{eff}}}{\mathrm{d}L}$ 表示弹光效应；$\dfrac{\mathrm{d}n_{\mathrm{eff}}}{\mathrm{d}a}$ 表示波导效应。

下面推算出由弹光效应引起的光纤 Bragg 光栅的中心波长漂移量。已知相对介电抗渗张量 β_{ij} 与介电常数 ε_{ij} 有如下关系：

$$\beta_{ij} = \frac{1}{\varepsilon_{ij}} = \frac{1}{n_{ij}^2} \tag{2.41}$$

式中：n_{ij} 为某一方向上的光纤折射率。对于熔融石英光纤，由于其各向同性，可认为各方向折射率相同，这里只研究光纤光栅反射模的有效折射率 n_{eff}，可将式（2.41）变形为

$$\Delta(\beta_{ij}) = \Delta\left(\frac{1}{n_{\mathrm{eff}}^2}\right) = -\frac{2\Delta n_{\mathrm{eff}}}{n_{\mathrm{eff}}^3} \tag{2.42}$$

由于 $\Delta n_{\mathrm{eff}} = \dfrac{\mathrm{d}n_{\mathrm{eff}}}{\mathrm{d}L}\Delta L$，因此根据式（2.39）得 $\varepsilon_{zz} = \dfrac{\Delta L}{L}$，则式（2.40）中略去波导效应，其余可变形为

$$\Delta\lambda_{\mathrm{B}z} = 2\Lambda\left[-\frac{n_{\mathrm{eff}}^3}{2}\cdot\Delta\left(\frac{1}{n_{\mathrm{eff}}^2}\right)\right] + 2n_{\mathrm{eff}}\varepsilon_{zz}L\frac{\mathrm{d}\Lambda}{\mathrm{d}L} \tag{2.43}$$

由于式（2.41）的存在，因此可以得到更为简单的 $\Delta\lambda_{\mathrm{B}z}$ 的表达式。

实际上，在有外界应力存在的情况下相对介电抗渗张量 β_{ij} 应为应力 σ 的函数，对 β_{ij} 进行泰勒展开，并约掉高阶项，利用式（2.41），同时引入材料的弹光系数 P_{ij}，利用光纤的轴对称性 $\varepsilon_{rr}=\varepsilon_{\theta\theta}$，得

$$\Delta\left(\frac{1}{n_{\mathrm{eff}}^2}\right) = (P_{11}+P_{12})\varepsilon_{rr} + P_{12}\varepsilon_{zz} \tag{2.44}$$

式中：P_{11} 和 P_{12} 是弹光常数，即轴向应变分别导致的纵向和横向折射率变化。将式（2.44）代入（2.43）得到弹光效应导致的相对波长漂移为

$$\frac{\Delta\lambda_{\mathrm{B}z}}{\lambda_{\mathrm{B}}} = -\frac{n_{\mathrm{eff}}^2}{2}[(P_{11}+P_{12})\varepsilon_{rr} + P_{12}\varepsilon_{zz}] + \varepsilon_{zz} \tag{2.45}$$

式中利用了均匀光纤在均匀拉伸下满足的条件，即式（2.39）。将式（2.36）代入式（2.45）得

$$\frac{\Delta\lambda_{\mathrm{B}z}}{\lambda_{\mathrm{B}}} = \left\{-\frac{n_{\mathrm{eff}}^2}{2}[(P_{11}+P_{12})\nu - P_{12}] - 1\right\}\cdot|\varepsilon_{zz}| \tag{2.46}$$

令 $P_{\mathrm{e}} = \dfrac{n_{\mathrm{eff}}^2}{2}[P_{12} - \nu(P_{11}+P_{12})]$，为有效弹光系数，将 P_{e} 代入式（2.46），于是由轴向应变引起的 Bragg 中心波长变化可写为

$$\Delta\lambda_{\mathrm{B}} = (1 - P_{\mathrm{e}})\varepsilon\cdot\lambda_{\mathrm{B}} \tag{2.47}$$

式（2.47）即为光纤 Bragg 光栅在轴向应变下波长变化的数学表达式。可以看出，当光纤光栅材料一旦确定，光纤光栅对应变的传感特性基本上是与材料系数相关的常数，这

就从理论上保证了光纤光栅作为应变传感器有很好的线性输出,对于掺锗石英光纤[12],$P_{11}=0.121$,$P_{12}=0.27$,$v=0.17$,$n_{eff}=1.456$,因此 $P_e \approx 0.22$。

令 $K_\varepsilon = \lambda_B(1-P_e)$,则 K_ε 可看作由弹光效应引起的光纤光栅轴向应变灵敏度系数,由此可得

$$\Delta\lambda_B = K_\varepsilon \varepsilon \tag{2.48}$$

式(2.48)为光纤光栅中心波长变化与轴向应变的数学表达式,由此可见,中心波长漂移的应变灵敏度系数为常数。所以在恒温条件下,Bragg 波长漂移量与轴向应变呈理想的线性关系。光纤光栅所允许的应变一般可达到 1%,即 $10^4 \mu\varepsilon$,当超过 5%时,光纤即发生断裂。表 2.1 为不同中心波长光纤光栅的理论应变灵敏度。

表 2.1 不同光纤光栅的理论应变灵敏度

光纤光栅中心波长/nm	应变灵敏度/(pm/με)
1330.0	1.037
1335.0	1.041
1340.0	1.045
1345.0	1.205
1550.0	1.209
1555.0	1.212

2.4.3 均匀横向应力传感模型

目前,用光纤光栅进行应变检测,主要利用其轴向的应变敏感性,然而光纤光栅对径向应变并不是绝对迟钝的。将光纤光栅对与其轴线方向垂直的横向应变有所反应的现象称为横向效应[13]。下面建立均匀横向应力作用下的光纤光栅传感模型。

均匀横向应力是指对光纤光栅的各个径向施加力 P,在弹光效应下,光栅只受到横向应力且不存在剪应力,光纤内部应力状态为 $\sigma_{rr}=\sigma_{\theta\theta}=-P$,$\sigma_{zz}=0$,根据广义胡克定律可求得光纤应变张量为

$$\begin{bmatrix}\varepsilon_{rr} & \varepsilon_{\theta\theta} & \varepsilon_{zz}\end{bmatrix}^T = \begin{bmatrix}-(1-v)\dfrac{P}{E} & -(1-v)\dfrac{P}{E} & 2v\dfrac{P}{E}\end{bmatrix}^T \tag{2.49}$$

利用 2.4.2 节的推导过程可知,此种受力状态下弹光效应引起的光纤光栅相对波长变化可表示为

$$\begin{aligned}\frac{\Delta\lambda_{Bz}}{\lambda_b} &= -\frac{n_{eff}^2}{2}\left[-(P_{11}+P_{12})(1-v)\frac{P}{E}+2P_{12}v\frac{P}{E}\right]\\ &= \left\{-\frac{n_{eff}^2}{2}\left[-(P_{11}+P_{12})\frac{1-v}{2v}+P_{12}\right]+1\right\}\varepsilon_{zz}\end{aligned} \tag{2.50}$$

令 $P'_e = \dfrac{n_{eff}^2}{2}\left[P_{12}-\dfrac{1-v}{2v}(P_{11}+P_{12})\right]$,则由横向应力引起的 Bragg 波长变化可写为

$$\Delta\lambda_B = (1-P'_e)\varepsilon \cdot \lambda_B \tag{2.51}$$

同样令 $K'_\varepsilon = \lambda_B(1-P'_e)$,$K'_\varepsilon$ 可视为光纤光栅在横向应力下的纵向应变与中心波长的

应变灵敏度系数。利用上面给出的光纤参数，取波长为1555nm 的光纤光栅，计算可得 $P'_e \approx -0.73$，$K'_\varepsilon = 2.6 \text{pm}/\mu\varepsilon$。在只考虑弹光效应的情况下，从表面上看来，光纤光栅的中心波长变化对横向应力下的应变似乎更为敏感。然而这是一个误解，主要原因是将二者的应变看成是相等的。从应力灵敏度的角度来看，纵向拉伸的应力灵敏度约为横向应力的 1.3 倍[14]。因此，在弹光效应下，光纤光栅对纵向应力较横向应力更为敏感。若进一步考虑波导效应，则由于同样应力下径向应变较前一种情况增加约 5 倍，所以波导效应显著增加，而波导效应与弹光效应正好相反，即减小光栅的横向应变灵敏度。综合考虑弹光效应和波导效应，光纤光栅对横向应力的灵敏度较纵向要小得多。

2.5 光纤光栅温度传感模型及与应变交叉敏感关联理论

2.5.1 光纤光栅温度传感模型

当光纤光栅处于没有外力引起应变的自然状态时，如果温度发生变化，则一方面光纤材料的热光效应会引起光纤纤芯有效折射率 n_{eff} 的变化，另一方面光纤材料的热膨胀效应会引起光栅周期 Λ 的变化，从而使光栅中心波长产生漂移。在建立温度传感模型之前，有必要对所研究的光纤 Bragg 光栅作以下假设[15-16]：

（1）仅考虑光纤的线性热膨胀区，认为热膨胀系数在测量温度范围内始终是保持不变的常数；由于石英材料的软化点在 2700℃ 左右，所以在实验温度范围内可以完全忽略温度对热膨胀系数的影响。

（2）仅研究温度均匀分布情况，忽略光纤光栅不同位置之间的温差效应；由于光纤光栅尺寸一般都在 10mm 左右，最长也不超过 20mm，因此可以认为光栅处于一个均匀的温度场中，忽略光栅不同位置之间的温差而产生的热应力影响。

（3）认为热光效应在所采用的波长范围和所研究的温度范围内保持一致，也即光纤材料的热光系数保持为常数。

（4）仅研究光纤自身各种热效应，忽略外包层以及被测物体由于热效应而引发的其他物理过程。

基于以上几点假设，下面可以据此逐步建立光纤光栅的温度传感模型。在光纤光栅基本方程式（2.31）两边分别对温度取导数，两边再分别除以式（2.31）的两端，可得

$$\frac{\mathrm{d}\lambda_B}{\lambda_B} = \left(\frac{1}{n_{\text{eff}}}\frac{\mathrm{d}n_{\text{eff}}}{\mathrm{d}T} + \frac{1}{\Lambda}\frac{\mathrm{d}\Lambda}{\mathrm{d}T}\right)\mathrm{d}T \tag{2.52}$$

令 $\frac{1}{n_{\text{eff}}}\frac{\mathrm{d}n_{\text{eff}}}{\mathrm{d}T} = \zeta$，代表光纤光栅折射率的温度系数，即光纤材料的热光系数；令 $\frac{1}{\Lambda}\frac{\mathrm{d}\Lambda}{\mathrm{d}T} = \alpha$，代表光纤的线性热膨胀系数，这样可将式（2.52）改写为

$$\frac{\mathrm{d}\lambda_B}{\lambda_B} = (\zeta + \alpha)\mathrm{d}T \tag{2.53}$$

式（2.53）即为光纤 Bragg 光栅温度传感的数学表达式。从该式可以看出，当光纤光栅材料确定后，光纤光栅对温度的灵敏度基本上是与材料系数相关的常数，这就从理

论上说明了采用光纤光栅作为温度传感器可以得到很好的线性输出。但这仅限于一定温度范围内的近似,研究表明[17-18],光纤光栅的波长漂移随温度的变化并非是线性的,尤其在较高温度以上呈较明显的二次曲线特征。

令 $K_T = (\zeta + \alpha)\lambda_B$ 为光纤光栅温度传感的灵敏度系数,由此得到

$$\Delta\lambda_B = K_T\Delta T \tag{2.54}$$

式(2.54)为光纤光栅波长变化与温度变化的关系式,这样就可以方便地通过监测波长变化得到温度变化的结果。

由于掺杂成分和掺杂浓度不同,各种光纤的膨胀系数 α 和热光系数 ζ 有较大差别,因此温度灵敏度的差别也很大。对于熔融石英光纤[19],$\alpha=0.5\times10^{-6}$,$\zeta=7.0\times10^{-6}$,可计算出常温下光纤光栅每1℃的温度变化可引起中心波长为1550nm波段光栅耦合波长峰值的变化量为 11.6 pm。

2.5.2 光纤光栅温度应变交叉敏感关联理论

光纤光栅温度与应变交叉敏感的实质在于二者具有内在的关联性。事实上,光纤光栅在不同应力的作用下,其热光系数各有差异;同理,受不同温度的影响,其光弹系数亦不相同。南开大学的张伟刚[20]等根据关联思想,采用耦合模理论与级数展开方法,对光纤光栅的温度与应变关联性质进行了理论研究;通过定义温度-应变关联因子 Q_B,建立了定量分析光纤光栅型传感器温度与应变性质的理论及新方法。

光纤光栅交叉敏感关联理论[21]的要点是:将光纤光栅中心波长 λ_B 视为温度 T 和应变 ε 的函数,对 T 和 ε 进行泰勒级数展开。当 ΔT 与 $\Delta\varepsilon$ 变化不大时,略去$(\Delta T)^2$ 与 $(\Delta\varepsilon)^2$ 以上的高次项可得到下式:

$$\Delta\lambda_B(T,\varepsilon) = K_T\Delta T + K_\varepsilon\Delta\varepsilon + K_{T\varepsilon}\Delta T\Delta\varepsilon \tag{2.55}$$

式中:等号右边第一项和第二项分别为温度和应变的变化对光栅中心波长偏移的影响,其中 $K_T=(\zeta+\alpha)\lambda_B$ 及 k_ε 分别为前面已讨论过的光纤光栅温度灵敏系数和应变灵敏系数;第三项为温度与应变的关联项,$K_{T\varepsilon}=(\alpha+\zeta)(1-P_e)\lambda_B$ 为温度-应变关联系数。为了定量描述光纤光栅的温度与应变的关联程度,定义温度-应变关联因子 Q_B 为

$$Q_B = \frac{K_{T\varepsilon}\Delta T\Delta\varepsilon}{K_T\Delta T} + \frac{K_{T\varepsilon}\Delta T\Delta\varepsilon}{K_\varepsilon\Delta\varepsilon} = \frac{K_{T\varepsilon}\Delta\varepsilon}{K_T} + \frac{K_{T\varepsilon}\Delta T}{K_\varepsilon} \tag{2.56}$$

由上式可知,温度-应变的关联程度与 Q_B 值的大小成正比,并且与温度和应变的变化范围有关。

实际工程应用中,在满足一定的精度条件下,可以不考虑第三项温度应变关联的影响,即认为温度产生的热效应和应变产生的力效应是相互独立的。此时,便得到更为常见的公式:

$$\frac{\Delta\lambda_B}{\lambda_B} = (\alpha+\zeta)\Delta T + (1-P_e)\varepsilon \tag{2.57}$$

温度与应变的交叉敏感问题是光纤光栅传感技术应用中遇到的关键问题之一,也是当前研究的热点问题,后面将专门讨论利用封装技术解决该问题的原理及方法。

2.6 光纤光栅振动传感模型

振动信号属于与时间有关的函数关系,一般能够用位移、速度以及加速度三个物理量来描述。振动传感器的数学模型能够简化成如图 2.6 所示的单自由度二阶振动系统[22]。

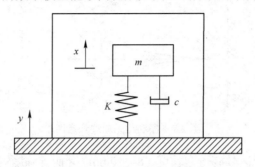

图 2.6 振动传感器工作模型

在图 2.6 中,c 表示阻尼,K 表示等强度悬臂梁的等效弹簧刚度,m 表示振动质量块,x 表示空间的固定坐标,y 表示外壳随体坐标,整体机构伴随着基座产生振动的同时,外壳和质量块也会出现相对位移 y。那么,对于 y 坐标系,质量块运动方程可表示为

$$m\frac{d^2y}{dt^2} + c\frac{dy}{dt} + Ky = -ma_g \tag{2.58}$$

式中:a_g 为位于 x 坐标系的外壳随着基座运动的加速度。所以 $-ma_g$ 表示 y 坐标系中的惯性力。式(2.58)两边同除以 m 可得

$$\frac{d^2y}{dt^2} + 2\xi\omega_0\frac{dy}{dt} + \omega_0^2 y = -a_g \tag{2.59}$$

式中:$\omega_0 = \sqrt{K/m}$ 表示悬臂梁及质量块系统的固有频率,阻尼比为 $\xi = c/c_c = c/(2\sqrt{mK})$,$c_c$ 表示临界阻尼。

根据耦合模理论,对于宽带入射光,光纤光栅周期的折射率扰动仅会对波长范围很窄的一段光谱产生影响,即只有满足 Bragg 条件的光波才能被光栅所反射,其余的透射光谱不受影响。应变是光纤光栅可以直接敏感的物理参量之一。如果光纤光栅所受应变 ε 为随时间变化的周期性动态应变,且该变化是由于与之连接物体的振动所产生的,那么就可以用该模型来测量周期性的振动。基于悬臂梁结构的振动元件具有结构简单、制作容易,同时具有良好的弯曲特性等优点,因而常被作为光纤光栅振动传感的基本结构[23-24]。

如图 2.7 所示,令加速度向上方向表示正方向,在振子(即质量块)开始由中间平衡位置处向下振动至最大振幅位置的时候,粘贴在悬臂梁上的光纤光栅应变也处于最大值,同时波长也会漂移至极值点;在振子返回中间平衡位置的时候,光纤光栅中心波长又返回初始值;而后振子又向上进行振动,光栅将处于收缩状态,在振动至最大振幅处时,光纤中心波长会再次漂移至极值点,在振子返回中间平衡位置的时候,光栅中心波长又返回初始值。因此,当光纤光栅振动传感器收到外界振动信号时,传感器可以把实

测振动参量转变为光栅轴向的动态应变量，也就是说光纤光栅反射谱会出现和振动信号频率相同的周期性变化漂移。所以，只要检测光纤光栅中心波长的周期性漂移，就能够做到振动信号的传感检测。而且经过傅里叶变换数据处理后，可将光栅中心波长变化的时域曲线变为频域曲线，其所反映的频率值即为待测振动频率值。

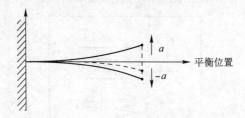

图2.7　振动传感原理示意图

由于光纤光栅的栅区具有一定长度（8～10mm），而等强度梁的表面应变为纯弯曲，因此可以保证光栅栅区各部分受到的拉伸或压缩应力相同，不会因为局部受力不均匀而导致光纤光栅发生啁啾效应。基于上述分析，可采用悬臂梁等机械结构作为光纤光栅振动传感器的弹性元件，本部分以单悬臂梁为例进行振动传感模型分析，其基本结构及原理如图2.8所示。

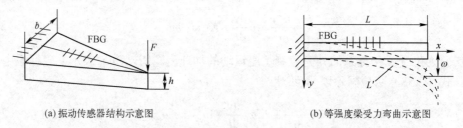

(a) 振动传感器结构示意图　　　　　　(b) 等强度梁受力弯曲示意图

图2.8　光纤光栅振动传感器的结构及受力弯曲示意图

根据图2.8（a）中所示的结构，光纤光栅沿轴向粘贴于等强度梁的中心轴线上，振子（质量块）固定于梁的自由端。当外界的振动引起振子的加速度 a 产生变化时，振子会产生周期性的作用力 F，从而将振动转化为周期性的动态应变。再通过检测粘贴于梁表面的光纤光栅中心波长的变化即可获取外界的振动信息。由于振子振动到最大振幅处时光栅的应变达到最大，而当振子回到平衡位置时光栅的中心波长也回到初始值，因此光纤光栅波长变化所反映的频率即是待测的振动频率。

为了便于对等强度梁的力学特性进行理论分析，进一步推导出振动传感器的灵敏度和固有频率，设 L、b 和 h 分别为等强度梁的长度、宽度和厚度，E 为梁的弹性模量，设梁的端部受力为 F。根据等强度梁的力学原理，可得梁上各点的应变[25]为

$$\varepsilon = \frac{6L}{Ebh^2}F = KF \tag{2.60}$$

式中：K 为等强度梁的应变-应力灵敏度，当梁的参数及材料确定时其为常数。设悬臂梁端部振子的质量为 m，其振动加速度为 a，则等强度梁自由端所受的力 $F=ma$。结合式（2.51）和式（2.60），可得光纤光栅振动传感器的灵敏度 S 为

$$S = \frac{\Delta \lambda_B}{a} = \frac{6(1-P_e)mL}{Ebh^2}\lambda_B \quad (2.61)$$

灵敏度 S 表征了光纤光栅波长变化量与被测振动加速度 a 之间的关系。设质量块的长度为 L_m，已知等强度梁的长度为 L，根据力学知识可知，光纤光栅振动传感器的固有频率 ω_0 为[26]

$$\omega_0 = \sqrt{\frac{Ebh^3}{L(2L^2+6LL_m+3L_m^2)m}} \quad (2.62)$$

式（2.61）和式（2.62）给出的灵敏度和固有频率是决定光纤光栅振动传感器性能的两个重要参数，正确选择这两个参数对于振动传感器的设计及测试效果至关重要。

参 考 文 献

[1] 饶云江, 王义平, 朱涛. 光纤光栅原理及应用[M]. 北京:科学出版社, 2006.

[2] Winick K A. Effective-index method and coupled-mode theory for almost periodic waveguide gratings: A comparison[J]. Applied Optics, 1992, 31(6): 757-764.

[3] Yamada M, Sakuda K. Analysis of almost-periodic distributed feedback slab waveguide via a fundamental matrix approach[J]. Applied Optics, 1987, 26: 3474-3478.

[4] 廖延彪. 光学原理与应用[M]. 北京：电子工业出版社, 2006.

[5] 靳伟, 廖延彪, 张志鹏. 导波光学传感器：原理与技术[M]. 北京: 科学出版社, 1998.

[6] 吴重庆. 光波导理论[M]. 2 版.北京：清华大学出版社，2005.

[7] 刘丽娜. 光纤 Bragg 光栅及其合金钢封装传感器特性研究[D]. 天津: 天津大学, 2005.

[8] 赵勇. 光纤光栅及其传感技术[D]. 北京: 国防工业出版社, 2007.

[9] 万里冰, 张博明, 王殿富, 等. 一种封装的光纤 Bragg 光栅应变传感器[J]. 激光技术, 2002, 26(5): 385-387.

[10] 孙丽.光纤光栅传感技术与工程应用研究[D]. 大连: 大连理工大学，2006.

[11] 陈昌麒. 材料科学中的固体力学[M]. 北京: 北京航空航天大学出版社, 1994.

[12] Jung J, Nam H, Lee B. Fiber Bragg grating temperature sensor with controllable sensitivity [J]. Applied Optics, 1999, 38(13): 2752-2754.

[13] 吴飞, 李立新, 李志全. 均匀光纤布拉格光栅横向受力特性的理论分析[J]. 中国激光, 2006(04): 42-46.

[14] 周智. 土木工程结构光纤光栅智能传感元件及其检测系统[D].哈尔滨：哈尔滨工业大学, 2003.

[15] 廖延彪. 光纤光学[M]. 北京: 清华大学出版社, 2002.

[16] 孙丽. 光纤光栅传感技术与工程应用研究[D]. 大连: 大连理工大学, 2006.

[17] 贾振安, 乔学光, 李明, 等. 光纤光栅温度传感的非线性现象[J]. 光子学报, 2003, 32（7）: 843-848.

[18] 乔学光, 贾振安, 傅海威, 等. 光纤光栅温度传感理论与实验[J]. 物理学报, 2004, 53（2）: 494-497.

[19] Ahmad Z. Intelligent sensors for the oil and gas industry[J]. Materials Performance, 2000, 39(8):

74-77.

[20] 张伟刚，开桂云，赵启大，等. 新型光纤 Bragg 光栅温度自动补偿传感研究[J]. 光学学报, 2002, 22(8): 999-1003.

[21] 张伟刚，涂勤昌，孙磊，等. 光纤光栅传感器的理论、设计及应用的最新进展[J]. 物理学进展, 2004, 24(4): 398-423.

[22] 刘习军，贾启芬. 工程振动理论与测试技术[M]. 北京: 高等教育出版社, 2004.

[23] 江毅，光纤振动传感器探头的设计[J]. 光学技术, 2002, 28(2): 148-149.

[24] 孙华，刘波，周海滨，等. 一种基于等强度梁的光纤光栅高频振动传感器[J]. 传感技术学报, 2009, 22(9): 1270-1275.

[25] 孙丽，梁德志，李宏男. 等强度梁标定 FBG 传感器的误差分析与修正[J]. 光电子·激光, 2007, 18(7): 776-779.

[26] 王宏亮，周浩强，高宏，等. 基于双等强度悬臂梁的光纤光栅加速度振动传感器[J]. 光电子·激光, 2013(04): 13-19.

第3章 光纤光栅的封装技术

无论是建筑、桥梁，还是在大型设备的状态检测过程中，检测参数及部位都比较多，而光纤光栅传感技术正是具备对多种参量进行同时测量、复用能力强、便于构建准分布式传感网络等突出特点[1-3]，因此在这些领域内具有其他传统传感器无可比拟的优点，这也是网络化智能检测技术发展的一个重要方向。因此，研究开发结构简单可靠、易于布设、能满足工程应用需求的光纤光栅传感器十分必要。如概述中所述，一方面裸光纤光栅结构纤细、质地脆弱、抗剪切能力差，在恶劣的工程环境中容易损伤；另一方面，裸光纤光栅本身的温度和应变灵敏度并不高。如何采取有效措施来保证光纤光栅在使用过程中不被损坏，并且能够提高其感测的灵敏度，是光纤光栅传感技术应用中的一个至关重要的问题。这些都与光纤光栅的封装技术密切相关。封装技术直接影响光纤光栅的传感性能和使用寿命，并与提高光纤光栅的灵敏度密切相关，是光纤光栅传感技术走向大规模工程应用的关键技术之一[4-5]。

应变和温度是光纤光栅能够直接敏感的两个最基本的检测参数，也是光纤光栅传感中最为常用的两类传感器[6-7]。为了方便、准确地测量被测对象的应变分布，又不影响被测对象原有结构的稳定性，表面粘贴式应变传感器由于简便易行而被广泛应用，而基于金属基片式的封装结构也是光纤光栅应变传感器中最为常用的结构形式[8-9]。对于光纤光栅的温度传感，也常利用热膨胀系数比光纤更大且热稳定性较好的金属片或金属管来实现增敏封装。此外，在光纤光栅的封装过程中，胶黏剂等聚合物广泛使用，因此直接采用聚合物封装也是一种成本低廉的封装方式。然而，聚合物随着温度变化、时间变化而老化会产生非线性蠕变[10]，因此采用全金属封装的光纤光栅也是一种选择方式。本章将以光纤光栅在大型设备应变及温度检测中的相关应用为背景，介绍光纤光栅的铝合金箔片封装、聚合物封装，以及无胶化的全金属封装过程及传感特性，并对解决光纤光栅温度应变交叉敏感的封装技术进行了介绍。

本章选择当前光纤光栅应变和温度测量两种典型的封装形式——金属贴片式封装和嵌入式封装，分别对裸光纤光栅进行铝合金箔片封装和两种环氧聚合物 HY914、DS-3S 的封装实验，尝试了光纤光栅的全金属封装，并通过悬臂梁应变实验和温度实验测得经封装后光纤光栅的应变和温度传感特性。此外，本章在简述光纤光栅应变与温度交叉敏感关联理论的基础上，介绍了采用封装技术解决光纤光栅温度应变交叉敏感问题的一些基本方法，着重对温度补偿封装、应变不敏感封装及多参数同时测量封装技术进行了分析，阐明了其封装结构的基本工作原理。对光纤光栅交叉敏感问题的研究仍在深入，各种方案都在不断地提出，而采用对光纤光栅封装的方法解决该问题易于实现，且成本较低，具有良好的发展前景，存在的不足是对结构设计的精度要求较高。

3.1 铝合金箔片式封装

应变反映了材料与结构的重要物理特性，是大型设备实现智能检测及结构健康监测最为重要的参数之一。目前针对各种金属片式[11-13]封装光纤光栅的研究已经取得一些进展，然而在应用于工程结构表面的传感测量时，这些封装结构体积仍较大（一般长 5～10cm，厚度为几毫米），如图 3.1 所示为常见的一种商品化表面粘贴式光纤光栅应变传感器，其应变灵敏度为 1pm/με，封装尺寸为 70mm×15mm×6mm，通常适合测量表面为平面的检测对象。然而，对于有一定曲率的测量表面，该类型的应变传感器柔韧度不够理想，尚不能满足在实际设备复杂表面应变检测中的需要。考虑到大型设备结构的复杂性，尤其是在曲面表面上作业时，粘接和使用都不方便，因此对应变传感器提出了更高的要求。所以应当考虑采用柔韧、质轻的铝合金箔片作为衬底材料。铝及其合金由于质量轻，比强度和比刚度高，耐腐蚀，因此在航空、宇航、机械、建筑等领域中都具有极其广泛的应用[14]。

图 3.1　STS-01 型表面粘贴应变传感器

针对这些问题，本实验选用厚度仅为 0.1mm 的 3004 铝合金箔片(Al-Mn-Mg)作为衬底材料（其化学成分组成如表 3.1 所示），制作了铝合金封装的表面粘贴式光纤光栅传感器，并通过实验和理论分析了封装后光纤光栅的应变和温度传感特性，该封装结构质轻、柔韧，可广泛应用于各种铝合金结构及其构件的表面应变和温度的测量[15]。

表 3.1　3004 铝合金化学成分

成分元素	质量比例/%
Mn	0.7
Mg	0.8
Fe	0.4
Si	0.2
Cu	0.15
Ti	0.03
Al	97.72

采用的铝合金箔片衬底具体尺寸为 20mm×5mm×0.1mm，由于衬底足够薄，因此有利于应变的传递且容易与被测构件紧密粘接。光纤光栅的中心波长为 1559.0nm，反射率大于 90%，带宽小于 0.3nm，光纤光栅的剥纤长度为 16mm，栅区长度为 8mm。如

图 3.2（a）所示，具体封装结构采用双层铝合金箔片将光纤光栅封装在上下基片的中间，其中下基片用作衬底粘接在被测物体上，从而将应变传递至光纤光栅，它的中心轴线刻有细槽用于限定光栅的位置；上基片作为盖板起保护作用。图 3.2（b）为铝合金箔片封装光纤光栅的实物照片。封装工艺为：先将铝合金箔片用砂纸打磨光滑，除去表面污垢及氧化层，再用丙酮清洗干净，晾干；用纱布蘸无水乙醇清洁光纤光栅粘接部位，采用 DG-3S 改性环氧胶将光纤光栅粘接在下基片上刻出的细槽中，盖上上基片、压实，经封装后的最终尺寸为 20mm×5mm×0.35mm。将其放置在温控箱内保持 60℃的温度下固化 2~4h 取出，即可达到胶黏剂的最大粘接强度。

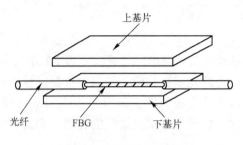 

(a) 铝合金封装光纤光栅结构示意图　　(b) 铝合金封装光纤光栅实物照片

图 3.2　铝合金封装光纤光栅结构示意图及实物封装照片

3.1.1　应变传感特性实验

实验中仍采用悬臂梁作为调谐工具来研究封装后光纤光栅的应变传感特性，通过对梁的自由端加载的方法来使悬臂梁产生弯曲变形。实验中采用的光源为 JW3107 型台式 ASE 宽带光源，利用 Q8384 光谱分析仪作为光纤光栅反射波长的测量装置。悬臂梁的材质为不锈钢，其弹性模量为 $1.93×10^5$MPa，其尺寸（$L×W×H$）为 140mm×19mm×0.52mm，将铝合金箔片封装的光纤光栅粘贴在距固定端 25mm 处的悬臂梁中心轴线上。实验装置的系统原理如图 3.3 所示，利用 Q8384 光谱分析仪测得光纤光栅中心波长的改变量，即可计算出光纤光栅的应变灵敏度。

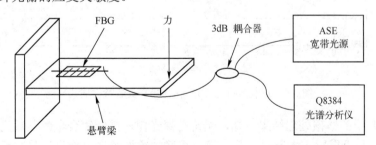

图 3.3　铝合金封装光纤光栅应变特性实验原理图

根据悬臂梁调谐理论，位于梁表面的光纤光栅中心波长与悬臂梁的负载的关系如下：

$$\frac{\Delta\lambda_B}{\lambda_B}=\frac{z(1-P_e)(L-x)}{EI_z}P \tag{3.1}$$

根据本实验的实际情况，可以完全确定比例常数 $K = \dfrac{z(1-P_e)(L-x)}{EI_z} = 4.75 \times 10^{-4}$，又由于 P 的单位为 N（牛顿），将其转化为实验中直接使用的质量单位 g（克），且实验中采用的光纤光栅中心波长 λ_B 为 1559.0 nm，因此式（3.1）可最终写成

$$\Delta\lambda_B = 7.26 \times 10^{-3} m \tag{3.2}$$

这就是实验中光纤光栅波长漂移量与加载质量之间的理论关系式，且理论上直线的斜率为 7.26pm/g。又由于梁表面的应变与末端负载有如下关系：

$$\varepsilon = \dfrac{Mz}{EI_z} = \dfrac{P(L-x)z}{EI_z} \tag{3.3}$$

因此，将所采用悬臂梁的相关参数带入化简后，代入式（3.1）中有 $\Delta\lambda = 7.8 \times 10^{-7} \lambda_B \varepsilon$，中心波长 $\lambda_B = 1559.0$nm 时，光纤光栅所贴悬臂梁处的理论应变灵敏度为 1.216pm/με。

实验中分别对裸光栅和铝合金封装的光纤光栅在悬臂梁的同一位置进行加载实验，光纤光栅中心波长的测量装置采用 Q8384 光谱分析仪。室温为 19.5℃，由于是在室内条件下实验，实验过程持续时间较短，因此可以不考虑室内温度的变化。实验所测数据经拟合处理后如图 3.4 所示。

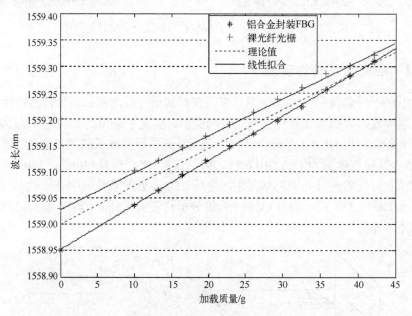

图 3.4 封装前后光纤光栅的波长-负载特性曲线

由图 3.4 中的数据处理结果可知，无论是裸光栅还是经铝合金封装后光纤光栅的波长漂移量，均与悬臂梁末端所加负载呈现出很好的线性关系。而且经封装后的光纤光栅中心波长变化曲线的斜率（8.4pm/g）要比未经封装时线性拟合曲线的斜率（7.0pm/g）大，这表明封装后的光纤光栅应变灵敏度有所提高。将实验所测得数据代入式（3.2）和式（3.3）中，可以得到裸光纤光栅的应变灵敏度为 1.173pm/με，经铝合金封装后的光纤光栅应变灵敏度达到 1.407pm/με，是未经封装裸光纤光栅的 1.2 倍，是理论值的 1.16 倍。封装后的光纤光栅在零负载时的中心波长要比裸光纤光栅向短波长方向偏移约 0.30nm，

这主要是由于封装后胶黏剂固化时收缩导致的。

为检验经铝合金封装后光纤光栅传感器测量的重复性，对封装后的光纤光栅进行了重复的加载和卸载实验，根据所得实验数据，绘出其应变特性变化曲线如图 3.5 所示。从数据处理结果可见，在卸载的初始阶段，数据吻合较好，在卸载完成时误差最大，这主要是由于材料内部的残余应力未完全释放，与材料本身的性质密切相关。但相对误差仅约为 0.8%，表现出了较好的重复性，完全可以满足工程应用的需要。

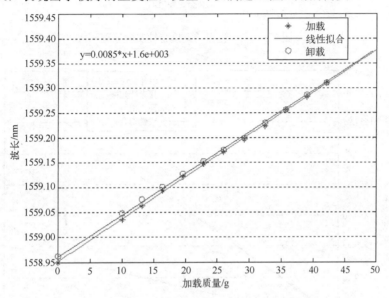

图 3.5　铝合金封装光纤光栅的加载-卸载特性

3.1.2　温度传感特性实验

进行温度传感特性实验的仪器设备主要包括 ASE 宽带光源、Q8384 光谱分析仪、水银温度计和带有温控装置的水浴加热槽。宽带光源发出宽带光波，经 3dB 光纤耦合器进入光纤光栅上，满足 Bragg 条件的光被强烈反射回来，再经光纤耦合器进入光谱分析仪显示处理。这样，当水浴加热改变光纤光栅的温度时（此时，光纤光栅不受任何应力），中心波长产生漂移，通过光谱分析仪即可测得光纤光栅 Bragg 波长的漂移量。图 3.6 为温度实验的原理图，实验中在 20～60℃内，每隔 5℃测量一次，每次温度要保持 5min，以克服温度传递延迟带来的影响。

通过对裸光栅和铝合金封装后的光纤光栅分别进行水浴加热实验，所得数据经线性拟合后如图 3.7 所示。显然封装后光纤光栅的波长-温度曲线线性拟合度很高，而且前文实验中测得的中心波长为 1559.0nm 裸光纤光栅的温度灵敏度仅为 10.7pm/℃，而经铝合金片封装后温度灵敏度达到 29.0pm/℃，比未封装前提高了 2.71 倍。说明裸光纤光栅经过铝合金箔片封装之后，可以大幅提升其温度灵敏度。

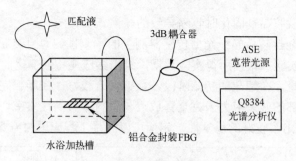

图 3.6 光纤光栅的温度特性实验原理

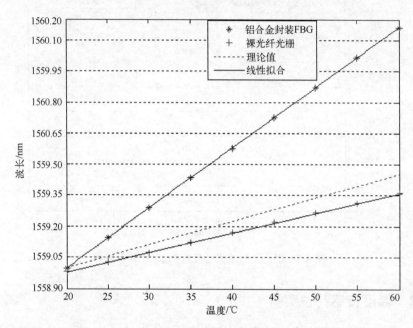

图 3.7 光纤光栅铝合金封装前后的波长-温度响应曲线

3.2 聚合物封装

  提高光纤光栅测量的响应灵敏度是提高光纤光栅传感系统检测精度的有效途径之一，并且可以降低对高精度波长解调仪的依赖。聚合物封装作为一种简单、有效的光纤光栅保护及增敏封装的有效材料，可望在光纤光栅传感领域中得到广泛应用[16-17]。对于温度增敏而言，封装后的光纤光栅，其中心波长漂移量 $\Delta\lambda$ 与应变和温度变化的关系式可表示为[18]

$$\Delta\lambda = \lambda_0(1-P_e)\varepsilon + \lambda_0[\alpha + \zeta + (1-P_e)(\alpha_s - \alpha)]\Delta T \tag{3.4}$$

式中：P_e 为光纤的有效光弹系数；α 和 ζ 分别为纤芯的热胀系数和热光系数；α_s 为衬底材料的热胀系数，显然材料的热膨胀系数越大，温度增敏的效果越明显。所以用于光纤光栅温度传感器封装的聚合物材料大都是线性膨胀系数远大于光纤的功能型复合材料。

3.2.1 聚合物封装的种类及特点

选择对光纤光栅进行封装的聚合物材料，需要综合考虑聚合物的温度特性以及与光栅的粘接性能，还包括固化特性、导热性、抗老化性以及是否有利于实施封装等[19]。聚合物的种类繁多，但适合用作光纤光栅封装的材料一般可分为两大类，即橡胶型和树脂型。

橡胶型聚合物，大多作为压力传感器的封装材料。此类聚合物弹性模量小，热膨胀系数低，抗老化性能好，在常温下即处于高弹态。选用此类聚合物对光纤光栅封装后，可以大幅度提高光纤光栅的压力灵敏度，但橡胶的弹性效应使得这类封装材料在改善光纤光栅传感器温度灵敏度上效果不明显。

树脂型封装材料的特点是在常温下处于玻璃态，所以有较高的强度和承载能力，通过添加热稳定剂以及耐高温材料，可以保证树脂型封装剂具有较好的耐热性和耐压性。此类聚合物热膨胀系数高，采用此类材料作为封装材料，可以在很大范围内实现对光纤光栅的温度增敏，可用于测量大范围的温度变化；并且对压力增敏不明显，适宜工作在压力动态范围较大的环境中。同时使用环氧类等强度高、膨胀系数大的刚性材料封装，可作为高倍数的光纤光栅温度增敏，提高测量精度，且易于解调，此类材料的测温范围一般为-40℃～200℃。

3.2.2 环氧聚合物封装光纤光栅温度传感特性

根据大型设备检测中温度测量的要求，需要对温度有较高的测量精度，因此实验中分别采用具有强度高、热膨胀系数大的环氧类树脂胶黏剂 HY914 和 DG-3S 作为光纤光栅封装用的聚合物材料[20]。

HY914 呈褐色、略带刺激性气味，在室温下 3～5h 即可固化，粘接强度高，耐热性好；DG-3S 胶层韧性好，有较强的耐酸耐碱性，且对温度及振动冲击的技术指标均符合电子工业领域标准。实验中，先将两根中心波长为 1529.0nm 的裸光纤光栅固定于 5mm×5mm×40mm 长方体容器盒的中心轴线上，再分别将两种聚合物按照各自的比例要求混合均匀后，灌封于容器内（注意要充满整个容器，防止产生气泡），经恒温固化后就制作出两种分别采用 HY914 和 DG-3S 聚合物封装的光纤光栅温度传感器。如图 3.8 所示为它们的实物照片。

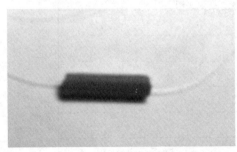 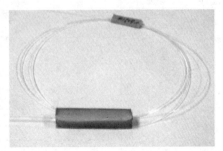

(a) HY914封装光纤光栅　　　　　　　　　(b) DG-3S封装光纤光栅

图 3.8　两种聚合物封装光纤光栅的实物图

采用水浴加热的方法来对两种聚合物封装的光纤光栅进行温度传感特性实验。实验原理如图 3.9 所示。将封装好的光纤光栅传感器放置于水浴加热槽中，由 ASE 宽带光源发出的光波经 3dB 耦合器射入聚合物封装的光纤光栅传感器中，聚合物在水浴加热槽中受温度升高的影响而体积膨胀，从而带动光纤光栅产生热变形，反映到 Bragg 中心波长的变化上，并经由 3dB 耦合器反射回来，利用光谱分析仪测量 Bragg 中心波长的变化量，即可得出聚合物封装后光纤光栅的温度传感特性。

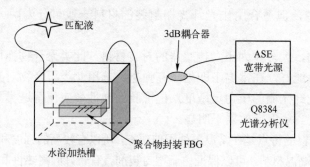

图 3.9　光纤光栅的温度特性实验原理

实验中先后对 HY914 封装后的光纤光栅传感器进行了三次温度测试，图 3.10 是根据实验测量结果绘出的一条典型曲线图。从图中可以明显看出经 HY914 封装后的光纤光栅的温度灵敏度分为两个明显不同的阶段，17～32℃阶段的变化率要明显高于 40～60℃。经分段拟合表明，在 17～32℃阶段，温度灵敏度为 110pm/℃，约为裸光纤光栅的 10.7 倍；而在 40～60℃阶段，测得的温度灵敏度为 30.0 pm，约为裸光纤光栅 2.9 倍。而在 32～40℃阶段温度相应曲线明显地出现了拐点。这主要是由于 HY914 的主要成分为环氧树脂，而环氧树脂在受热的条件下具有一定的吸水性，因此在水浴加热的初始阶段，除了由于 HY914 受热膨胀以外，其自身的吸水性导致体积膨胀占主要因素，因此反映在温度特性曲线上具有较大的斜率。而在 40℃以后由于 HY914 吸水达到饱和，此后随温度升高才只是受热膨胀，表现了较好的线性特性。

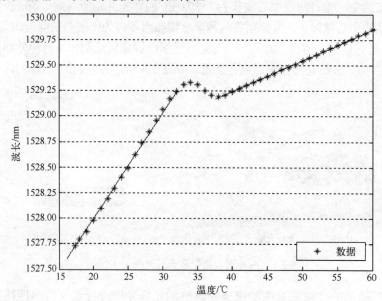

图 3.10　HY914 封装光纤光栅的典型温度曲线

图 3.11 给出了三次重复测量的温度曲线对比,由于每次测量时水浴槽内的温度场并不均匀,温度传感器测得温度值并不代表光纤光栅的实际温度,因此每次测量的起始波长并不相同,但从图中曲线可知,三次测量在不同阶段的斜率基本相同,也即表明 HY914 封装后光纤光栅的波长变化随温度的变化率基本一致,具有一定的重复性。

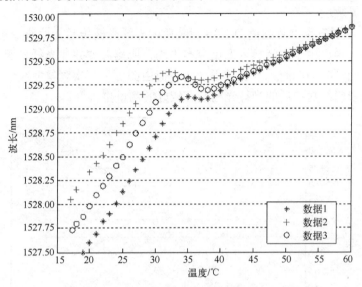

图 3.11　HY914 封装光纤光栅三次温度实验对比

对 DG-3S 封装后的光纤光栅传感器进行水浴加热实验,得到的典型温度特性曲线如图 3.12 所示。该曲线虽然不具有线性特性,但经高次曲线拟合发现,所测数据与图中所示的三次方程曲线基本吻合。与 HY914 封装相似,DG-3S 封装后的光纤光栅温度敏感程

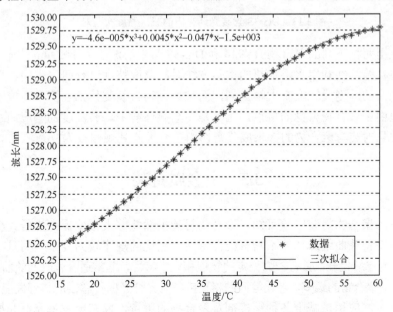

图 3.12　DG-3S 封装光纤光栅的典型温度曲线

度也大致分为两个不同阶段，初始阶段变化较快，到达一定温度后变化趋于缓慢。并且在同样的温度调谐范围内（18～60℃），HY914 封装光纤光栅中心波长变化量的平均值为 2.1nm；而经 DG-3S 封装后的光纤光栅，在同样的温度变化内，中心波长变化量的平均值为 2.9nm，为前者的 1.4 倍。这意味着经 DG-3S 封装后的光纤光栅比 HY914 封装具有更高的温度灵敏度。

图 3.13 给出了三次重复测量 DG-3S 封装后的光纤光栅传感特性曲线的比较图。与前面分析的原因一样，由于水浴槽内温度分布不均，所测温度并非光纤光栅的实际温度，因此每次试验光纤光栅的起始波长并不一致。但由图可见三次测量曲线随温度的变化率基本一致，这表明经封装后的光纤光栅具有较好的测量重复性。

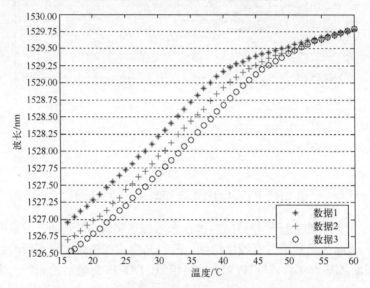

图 3.13　DG-3S 封装光纤光栅的三次温度实验对比

通过采用两种不同的聚合物 HY914 和 DG-3S 对中心波长为 1529nm 的光纤 Bragg 光栅进行封装实验，并利用水浴加热的实验方法对其温度特性进行研究表明，聚合物封装可对光纤光栅的温度灵敏度有大幅提高，而且聚合物封装制作工艺简单，成本低廉，易于实现。但由于聚合物自身的特点，尤其是在潮湿环境中，其温度的响应曲线往往是非线性的，并且封装与聚合物的掺杂成分密切相关，因此其规律较为复杂。

3.3　全金属封装

由上述的聚合物封装实验可知，聚合物封装虽然能够大幅度提高光纤光栅的温度灵敏度，但温度特性曲线却往往不具有线性特性，呈现的规律较为复杂。而且，光纤光栅本身的材料为二氧化硅，具有较为稳定的物理和化学特性，非常适合长时间的监测。但随着时间的增长，聚合物的蠕变、老化等问题将直接影响光纤光栅传感器的传感性能[21-22]。因此在长期监测中，应尽量减少各种粘接剂及聚合物的用量，以充分发挥光纤光栅长期检测的天然优势。一般经验表明[23-24]，相对于聚合物而言，金属的热膨胀系数为常数，具有很高的温度稳定性,因此开展利用全金属实现对光纤光栅的封装技术具有现实意义和实用价值。

3.3.1 光纤光栅金属化镀膜封装技术

光栅光纤的金属化镀膜是一种新的封装手段,是将光栅表层的涂覆层通过物理方法或者化学、电镀的方法用金属或多金属化合物替代,起到保护和增敏的作用[25]。石英光纤表面金属化有多种,如熔融涂镀法、溅射法、真空蒸发镀法、化学气相沉积法(CVD)、化学镀法(即化学液相沉积法)等[26-28]。

熔融涂镀法要求金属熔点低于光纤软化温度(约 1200℃),因此大部分金属无法用该法实现涂镀。

溅射法建立在辉光放电基础上,有施镀温度低、镀层纯度高、致密、厚度可控、施镀靶材范围广等优点,然而其加工设备价格较高,因此金属化光纤制作成本较高。

真空蒸发镀法是在真空环境下,供给充足的热能于需要蒸发的材料,使蒸发粒子在基材上凝结的方法,该方法以其方便简单、易于操作、成膜效率高等优点得到广泛应用,但形成的薄膜与基材的结合度不高。

化学气相沉积法在混合气体中放置需要镀膜的基材,在一定温度下,气体之间发生化学反应,其化合物沉积在基材上形成薄膜。化学气相沉积法相对于其他镀膜方法有很多优点,它可以控制合成气体比例从而使合成膜各成分能够精确计算,可以在不规则的物体表面成膜,还可以随着反应室的体积变化在任意大小面积上成膜等。但是它也有一个很大的缺点,就是需要高温条件,高温条件下有些基材会发生变化,这就限制了化学气相沉积法的应用。

化学镀方法将需要镀膜的物体放入化学溶液中,使溶液中发生化学反应所形成的化合物涂覆于物体表面形成镀膜。该方法简便易行,限制条件少,常温常态状态下就可以实现,但是反应过程控制较为复杂,且成膜效果不稳定。

3.3.2 全金属封装技术

金属化镀膜工艺复杂,成本较高,可以考虑采用熔点较低的金属来实现光纤光栅的无胶化全金属封装。全金属封装就是利用焊接技术取代胶黏剂的使用,以制作出适合长期使用的高品质光纤光栅传感器。光纤纤芯的成分为二氧化硅,其本身具有较高的耐高温性,软化温度在 2700℃左右。由于光纤涂敷层为聚合物,不耐高温,并且在 500℃以上的温度条件下有可能破坏光纤光栅自身的结构,因此在选择衬底材料时,考虑利用锡焊较低的熔点(300℃左右),将光纤光栅封装于金属锡块中,一方面实现对光纤光栅的保护,另一方面提高光纤光栅的温度灵敏度。

全金属封装的具体封装工艺:首先将锡丝置于一小金属盒(30mm×5mm×5mm)内,然后将光纤光栅固定于金属盒的中心轴线位置,用酒精灯外焰对金属盒进行加热,熔融锡丝,使其将光纤光栅完全封装住;撤去酒精灯,待锡块完全冷却至室温,就完成了利用锡丝对光纤光栅进行的全金属封装。图 3.14 为光纤光栅全金属封装的实物照片。在此过程中应注意防止光纤跟热源直接靠近,保护好光纤尾纤。

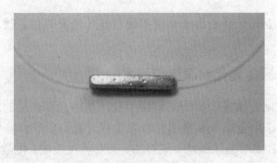

图 3.14 光纤光栅全金属封装实物图

3.3.3 全金属封装后的温度传感特性

实验中采用的光纤光栅为中心、波长 1529.0nm 光纤 Bragg 光栅，对经全金属封装后的光纤光栅传感器的温度特性进行研究，仍采用上述的水浴加热槽装置及 ASE 宽带光源和 Q8384 光谱分析仪。实验中，在 19~60℃内对封装后的光纤光栅传感器的温度特性进行了测量，温度每升高 1℃，对中心反射波长测量一次，实验所测数据经处理拟合后如图 3.15 所示。

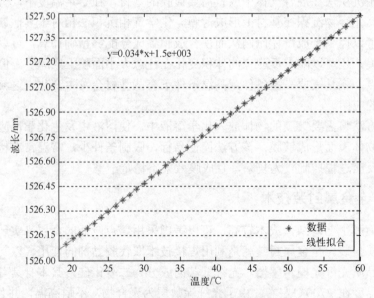

图 3.15 全金属封装光纤光栅的温度特性曲线

由图 3.15 中拟合曲线可知，经全金属封装后的光纤光栅具有同裸光纤光栅同样好的线性特性，而且由拟合曲线的斜率可知，经封装后的光纤光栅温度灵敏度达到 34.0pm/℃，是前面测得的 1529.0nm 裸光纤光栅温度灵敏度 10.3pm/℃的 3.3 倍。若采用测量精度为 1pm 的波长解调仪，则温度分辨率可达 0.03℃。

然而，需要注意的是，由于处于熔融状态的金属锡在冷却过程中可能产生不均匀的收缩力，会导致光纤光栅产生啁啾，其测得的反射光谱会有多个反射峰值，此时须利用光谱分析仪对反射波长进行测量，普通的波长解调仪可能无法分辨多个波峰值而产生测量失准。图 3.16 展示了采用全金属封装后，由于啁啾效应导致的光栅反射谱出现了多个波峰的实测光谱图。在工程实际中，可通过对封装后的光纤光栅传感器进行退火处理，来消除金属内部的残余应力，进一步减小光纤光栅啁啾的程度，以提高光纤光栅金属封装的质量。

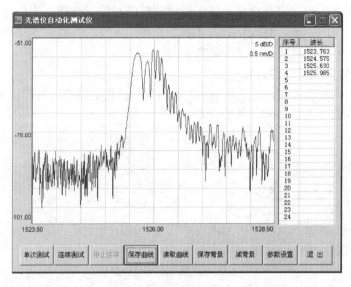

图 3.16　全金属封装光纤光栅的反射光谱

3.4　解决交叉敏感问题的封装技术

光纤 Bragg 光栅对应变和温度都是敏感的，然而单个光栅本身无法分辨出应变和温度分别引起的 Bragg 波长改变量，因此无法实现精确的测量，这就是所谓的光纤光栅交叉敏感问题[29-30]。对于中心波长为 1550nm 的光纤光栅，1℃的温度变化将对应引起约 10 倍的应变测量误差。尤其在大型设备状态的长期监测中，这个问题十分突出；同时，应变与温度的交叉敏感问题也一直是伴随光纤光栅传感技术发展的研究热点。因此，解决交叉敏感问题对于大型设备的应变检测具有十分重要的意义。

目前解决交叉敏感问题的方法有很多种，但总体思路可分为温度补偿和应变/温度双参数同时测量两种方案[31-32]。前者是通过某种方法抵消温度扰动引起的 Bragg 中心波长漂移，使得应变测量不受环境温度变化的影响；后者是利用两个不同的波长信号共同对应变和温度进行编码，通过双波长矩阵来确定应变和温度的变化量。本部分将结合光纤光栅在大型设备检测中的应用背景，着重讨论利用封装技术来解决光纤光栅交叉敏感问题的主要方法和实现途径。

3.4.1　光纤光栅温度补偿封装

光纤光栅在传感、光通信等方面都有很广泛的应用，但由于它的中心反射波长会随环境温度的波动而漂移，由此引起的不精确色散补偿将会导致系统性能的劣化，阻碍了光纤光栅的实用化进程,因此需要对实用化光纤光栅的环境温度进行控制,也就是对光纤光栅进行温度补偿。光纤光栅的温度补偿方法具体可以分为两类:其一,有源方式,即由外加电路控制光纤光栅器件所在的工作环境温度;其二,无源方式,即以适当的结构与材料对光纤光栅进行封装,封装使光栅产生一定的应变,该应变引入的波长漂移应可抵消由温度变化引起的波长漂移,这即所谓的温度补偿式封装,也称为绝热封装。与有源方式相比,无源方式具有成本低、体积小、使用方便等特点。本节将主要对光纤光栅无源方式的温度补偿封装技术进行研究。

1. 结构设计型温度补偿封装

由前面的理论分析可知,光纤 Bragg 光栅的中心波长是随着光纤导模有效折射率 n_{eff} 和光栅周期 Λ 的改变而改变的,其变化量为

$$\Delta\lambda_B = 2(n_{eff}\Delta\Lambda + \Lambda\Delta n_{eff}) \tag{3.5}$$

当光纤光栅受到外界力学量及热负荷的影响时,n_{eff} 和 Λ 将发生变化。应力作用下弹光效应导致 n_{eff} 变化,形变使 Λ 变化;温度对波长的影响来源于热光效应引起 n_{eff} 的改变及热膨胀效应引起 Λ 的改变。

在不用作高温测量的情况下,当温度和应变分别作用于光纤光栅时,对 Bragg 中心波长的影响都可以认为是线性的,即有

$$\begin{cases} \Delta\lambda_{BT}/\lambda_B = (\alpha_f + \zeta)\Delta T \\ \Delta\lambda_{BS}/\lambda_B = (1-P_e)\Delta\varepsilon \end{cases} \tag{3.6}$$

式中:α_f 为光纤的热膨胀系数;ζ 为光纤的热光系数;P_e 为光纤的有效弹光系数,对于确定的光纤,它们都是常数。由式(3.6)可知,如果不希望使 $\Delta\lambda_B$ 随温度的变化而改变,则应使温度和应变的综合效应为零,从而完成温度的补偿,即

$$(\alpha_f + \zeta)\cdot\Delta T + (1-P_e)\cdot\varepsilon = 0 \tag{3.7}$$

也就是,使得

$$\varepsilon = \frac{(\alpha_f + \zeta)}{P_e - 1}\Delta T \tag{3.8}$$

式(3.8)即为利用应变进行温度补偿的原理。由此可以确定为抵消温度变化引起的波长漂移,而应在光纤光栅上施加的应变,进而对温度补偿的结构进行设计。

根据上述原理,可以通过改变应力来补偿温度的变化,从而抑制 Bragg 反射波长随温度的漂移。具体实现的技术途径是[27],对光纤光栅进行温度补偿式封装,使光纤轴向受压,产生应变。在以后的使用过程中,当温度上升时,光纤光栅则随温度升高而体积膨胀,由于热膨胀引起的弹光效应使光纤光栅的折射率和周期都增大,而光纤光栅两端高温度灵敏度的封装材料产生的膨胀更大,热膨胀产生的应力向光栅集中,使光纤轴向受压,会使光纤光栅随温度升高而体积缩小,此时应变引起的漂移 $\Delta\lambda_{BS}$ 的移动方向则与温度上升引起的 $\Delta\lambda_{BT}$ 的漂移方向相反,从而维持 Bragg 波长的稳定。相反,当环境温度下降时,光纤光栅体积收缩,而封装材料对光纤光栅产生轴向拉应力,使光纤光栅的体积膨胀补偿光栅的体积收缩,结果使光纤光栅的中心反射波长漂移减小。

图 3.17 给出了用于温度补偿封装常见的两种结构,其中图 3.17(a)为套管温度补

偿式，图 3.17（b）为桥式温度补偿式，两者虽然结构略有差异，但它们的原理是一样的。

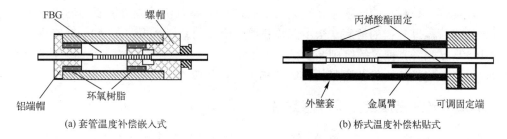

图 3.17 光纤光栅温度补偿封装的典型结构

2. 负热膨胀系数材料型温度补偿封装

由前面的理论分析可知，裸光纤 Bragg 光栅波长随温度的漂移为

$$\frac{d\lambda_B}{dT} = 2\Lambda\left(\frac{dn_{eff}}{dT} + n_{eff}\alpha_f\right) \tag{3.9}$$

为补偿温度的影响，在光纤 Bragg 光栅的轴向引入应力 $\varepsilon(T)$，补偿后 Bragg 光栅的总热膨胀系数为

$$\alpha = \alpha_f + \alpha_\varepsilon \tag{3.10}$$

其中，$\alpha_\varepsilon = d\varepsilon/dT$，补偿后光栅受温度的影响为

$$\frac{d\lambda_B}{dT} = 2\Lambda\left\{\frac{dn_{eff}}{dT} + n_{eff}[k\alpha + (1-k)\alpha_f]\right\} \tag{3.11}$$

式中：k 为常数，$0<k<1$，若式（3.11）中 α 的取值为

$$\alpha = \frac{1}{k}\left[-(1-k)\alpha_f - \frac{1}{n_{eff}}\frac{dn_{eff}}{dT}\right] \tag{3.12}$$

则有 $d\lambda_B/dT=0$，即可实现对光纤光栅的温度补偿。

为实现这一条件，将具有负热膨胀系数的聚合物浇铸成所要求的形状，作为对光纤光栅进行温度补偿封装的衬底。研究表明，液晶聚合物具有负的热膨胀系数。如图 3.18 所示，通过环氧树脂将具有负膨胀系数的液晶聚合管与光纤光栅粘接起来，制成利用液晶聚合管进行温度补偿封装的结构。补偿后光纤光栅的热膨胀系数为[33]

$$\alpha = \frac{E_f S_f \alpha_f + E_r S_r \alpha_r + E_l S_l \alpha_l}{E_f S_f + E_z S_z + E_l S_l} \tag{3.13}$$

式中：E 为杨氏模量；S 为横截面积；α 为热膨胀系数；下标 f、r、l 分别代表光纤、树脂、液晶聚合管三种介质。通过仔细选择材料和设计尺寸，即可以将 α 调整为适合温度补偿需要的值。

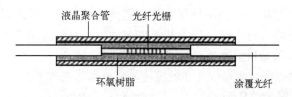

图 3.18 利用液晶聚合管封装光纤光栅的结构图

除液晶聚合物外,还有其他类型的负膨胀系数材料[34],如美国康宁公司研制的 β-锂霞石玻璃陶瓷,该材料的热膨胀系数为-5.0×10^{-6}K^{-1},将其浇铸成所需要的形状,作为对光纤光栅进行温度补偿的衬底。初步试验获得了明显的补偿效果,在-40～85℃内,补偿后的 1550nm 光纤光栅灵敏度则减少至 0.0022nm/℃,为未补偿时的 1/5。该种封装结构简单,温度稳定性好,但负膨胀材料比较稀少,封装费用比较高。

3.4.2 光纤光栅应变不敏感封装

在大型设备的准分布式检测中,对于表面安装式及粘贴式光纤光栅温度传感器而言,如何克服武器装备表面由于受力而产生应变的影响,以及光纤光栅传感器在布设过程中受到张力的影响,是必须考虑的重要问题。因此在制作光纤 Bragg 光栅温度传感器时,应设法隔绝应变的影响,这样就可以制成应变不敏感的温度传感器[35-36]。

如图 3.19 所示为一种对应变不敏感的光纤光栅盒式封装结构。在一小块金属板的中心位置,开一矩形槽用于容纳光纤光栅传感器的主体,槽的两端对应斜角边各开一条纵向槽通至板的外部用于放置光纤尾纤。其隔绝应变的主要措施是光纤光栅不是纵向粘贴在基底上,而是将光纤光栅悬空,使其处于自由状态,并形成一个 S 形弯曲,再在两端用胶黏剂固定在基底上,待两端固定后,向矩形槽内填充导热膏,加盖密封。经封装后,由于盒内光纤光栅两端的光纤处于松弛状态,在传感器受到外加应力时,使轴向应力不会传递到光纤光栅上,因此这种结构可以通过释放长度来抵消部分应变伸长,从而保持温度的独立作用。而且根据实际测试精度的需要,可以选择不同的金属基片作为衬底,通过将光纤光栅粘贴在金属基片上来增大光纤光栅对温度感测的灵敏度,如铜片、铝片及不锈钢片等。另外,槽内填充的导热膏不固化,呈膏状固体,对外界应力亦有缓冲和吸收作用。所以该设计可以在一定的应力范围内作为温度传感器,并保持一定的测试精度。

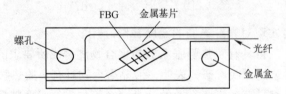

图 3.19 光纤光栅应变不敏感封装结构俯视图

3.4.3 应变温度同时测量封装

目前,针对光纤光栅多参数同时测量的研究已有许多报道[37-39],其中以采用两种不同的聚合物对光纤光栅进行分段封装的办法简便易行且成本较低。其封装工艺为,首先采用一种对弹性和温度较为敏感的聚合物封装光栅的一半,然后采用另一种只起保护作用的聚合物封装整个光栅,由于两种聚合物不同的力学特性,封装后的光纤光栅将出现两个反射峰,两个波峰具有不同的压力和温度灵敏度,只要分别测得两个反射峰波长的位移,就可同时求得压力和温度的变化。

下面介绍一种可以同时测量应变和温度的光纤光栅等强度梁封装结构。如图 3.20 所示,等腰三角形悬臂梁的梁长为 L,固定端宽度为 b_0,厚度为 h,顶角为 2θ。中心波长为

λ_0 的光纤 Bragg 光栅斜向贴于靠近等强度梁固定端的侧面,其轴向与梁的中性面夹角为 β。

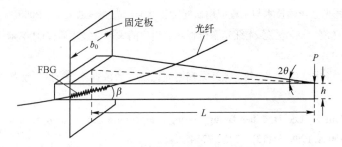

图 3.20　光纤光栅等强度梁封装示意图

在梁的自由端上作用垂直于梁之轴线的载荷 P 使等强度梁产生弯曲,则由材料力学的知识可得梁的应变为[40]

$$\varepsilon = \frac{6L}{Eb_0h^2}P \tag{3.14}$$

式中:E 为梁的弹性模量。式(3.14)说明若载荷 P 一定,在小挠度条件下,以中性面为基准,厚度相同的层面上各点的应变相等,而与待测点距固定端的距离 x 无关,这也是等强度梁的重要特性。

根据前述光纤光栅的传感原理,粘贴在衬底材料上的光纤 Bragg 光栅,其波长漂移量 $\Delta\lambda$ 与应变和温度变化的关系式可表示为

$$\Delta\lambda = \lambda_0(1-P_e)\varepsilon + \lambda_0[\alpha + \xi + (1-P_e)(\alpha_s - \alpha)]\Delta T \tag{3.15}$$

当等强度梁向下微弯时,光纤光栅将产生啁啾,由于光纤光栅贴在梁的固定端附近,其上各点的挠度均很小,故满足微弯条件。研究表明,光纤光栅整体啁啾效应是其各个微小部分对波长变化的总贡献,其总效应使 Bragg 光栅反射谱的带宽增大。光纤光栅反射谱的带宽计算公式为

$$\Delta\lambda_{\text{chip}} = \int_{-l_0/2}^{l_0/2} d\lambda = \frac{6\lambda_0 l_0 L^2(1-P_e)\sin 2\beta}{Eb_0h^3\sqrt{L^2+(b_0/2)^2}}P \tag{3.16}$$

式中:l_0 为光栅长度;E 为梁的弹性模量;P_e 为光纤的有效弹光系数;P 为梁末端所受压力。

而温度只对光纤光栅中心反射波长产生影响,对反射谱宽不产生任何影响,即

$$\Delta\lambda = \lambda_0[\alpha + \zeta + (1-P_e)(\alpha_s - \alpha)]\Delta T \tag{3.17}$$

因此,通过光谱分析仪分别检测光纤光栅反射光谱的谱宽和波长的改变量,即可同时计算求得悬臂梁的温度及等强度梁自由端所受载荷。根据材料力学知识,又可将载荷转化为梁的表面应力及自由端的挠度,从而实现多参数的同时测量。

参 考 文 献

[1] 赵勇.光纤光栅及其传感技术[D]. 北京:国防工业出版社,2007.
[2] 周智.土木工程结构光纤光栅智能传感元件及其检测系统[D].哈尔滨:哈尔滨工业大学,2003.

[3] 李宏男, 任亮. 结构健康监测光纤光栅传感技术[M].北京: 中国建筑工业出版社, 2008.

[4] 孙丽. 光纤光栅传感技术与工程应用研究[D]. 大连: 大连理工大学, 2006.

[5] 金龙, 张伟刚, 刘波, 等.光纤光栅传感器实用化的关键性技术研究[J].纳米技术与精密工程, 2004, 2（4）: 319-324.

[6] 傅海威, 傅君眉, 乔学光, 等. 光纤布喇格光栅应力增敏理论研究[J]. 激光技术，2005, 29(2): 159-161.

[7] Jung J, Nam H, Lee B. Fiber Bragg grating temperature sensor with controllable sensitivity [J]. Applied Optics, 1999, 38(13)：2752-2754.

[8] 赵雪峰, 田石柱, 周智, 等. 钢片封装光纤光栅监测混凝土应变实验研究[J]. 光电子·激光, 2003, 14(2): 171-174.

[9] 刘丽娜.光纤 Bragg 光栅及其合金钢封装传感器特性研究[D].天津：天津大学，2005.

[10] 李婷, 乔学光, 王宏亮, 等.光纤光栅传感器的聚合物封装增敏技术[J].光通信技术, 2005, 12: 39-41.

[11] 徐丹. 光纤传感器应变监测的应用研究[D]. 大连: 大连理工大学, 2008.

[12] 王楚虹. 基片式光纤光栅应变传感器金属化封装的关键技术[D]. 重庆: 重庆大学, 2017.

[13] 徐学武, 王红, 潘家栋, 等. 一种新型的基片式高灵敏度 FBG 温度传感器[J]. 光通信技术, 2019, 43(07): 1-4.

[14] 张联盟. 材料学[M]. 北京: 高等教育出版社, 2005.

[15] 刘春桐, 李洪才, 张志利, 等. 铝合金箔片封装光纤光栅传感特性研究[J]. 光电子·激光, 2007, 19(7): 905-908.

[16] 高琳琳. 树脂基复合材料封装的光纤光栅传感器的研制与应用[D]. 济南: 山东大学, 2018.

[17] 周玉敬, 宋昊, 刘刚, 等. 内埋光纤光栅的复合材料层压板拉伸应变研究[J]. 材料工程, 2021(9): 58-61.

[18] 金龙, 张伟刚, 刘波, 等. 光纤光栅传感器实用化的关键性技术研究[J]. 纳米技术与精密工程, 2004, 2(4): 319-324.

[19] 李婷, 乔学光, 王宏亮, 等.光纤光栅传感器的聚合物封装增敏技术[J].光通信技术, 2005, 12: 39-41.

[20] 李洪才. 环氧聚合物封装光纤光栅的温度传感特性研究[C]. 2008 中国仪器仪表与测控技术进展大会, 湘潭, 2008: 189-192.

[21] 杨珂. 金属化光纤光栅抗拉强度及其低温传感特性[D]. 南昌: 南昌大学, 2019.

[22] 张银亮, 徒芸, 涂善东. 多层金属涂覆光纤的界面结合强度[J]. 机械工程材料, 2016, 3(40): 6-14.

[23] Lupi C,Felli F,Brotzu A, et al. Improving FBG sensor sensitivity at cryogenic- temperature by metal coating[J]. IEEE Sensors Journal, 2008, 7(8): 1299-1304.

[24] 唐安琼. 光纤 Bragg 光栅表面金属化工艺及其传感性能研究[D].重庆: 重庆大学, 2012.

[25] 叶壮. 光纤光栅的金属化封装及温度解调系统设计[D].济南: 山东大学, 2011.

[26] 顾铮先, 邓传鲁.镀膜光纤光栅应用于发展[J]. 中国激光, 2009, 36(6): 1317-1326.

[27] 申人声. FBG 的金属化封装及其传感应用技术研究[D]. 大连: 大连理工大学, 2008.

[28] 范典. 光纤光栅金属化封装及传感特性试验研究[J]. 传感技术学报, 2006, 19(4): 1234-1237.

[29] 刘云启,郭转运,张颖,等. 单个光纤光栅压力和温度的同时测量[J]. 中国激光, 2000(11): 1002-1006.

[30] 陈丽娟,贺明玲,王坤,等. 光纤光栅传感器交叉敏感问题解决方案[J]. 数字通信, 2012, 39(06): 15-17.

[31] 张开宇,闫光,孟凡勇,等. 温度解耦增敏式光纤光栅应变传感器[J], 光学精密工程, 2018, 26(06): 1330-1337.

[32] 周国鹏. 光纤布拉格光栅传感器封装与应变/温度分离技术[D].南京：南京航空航天大学, 2005.

[33] 黄山, 赵华凤, 俞涛, 等. 光纤光栅温度补偿桥式结构[J].半导体电子, 2003, 24（6）：449-453.

[34] 郭子学. 光纤 Bragg 光栅的制作及温度补偿方法的研究[D]. 大连：大连理工大学, 2005.

[35] 胡家艳, 江山. 光纤光栅传感器的应力补偿及温度增敏封装[J].光电子激光, 2006, 17（3）: 311-313.

[36] 郭子学, 闫卫平, 杜国同, 等. 光纤 Bragg 光栅温度补偿方法的研究[J]. 光电子技术, 2006, 26(1): 48-52

[37] 郭团, 乔学光, 贾振安, 等. 单光纤光栅波谱展宽温度压力同时区分测量[J]. 光子学报, 2004, 33(1): 288-290.

[38] 刘云启,郭转运,张莹,等. 单个光纤光栅压力和温度的同时测量[J].中国激光, 2000, 36(6): 564-566.

[39] 关柏鸥, Tam H Y, Ho S L, 等. 单光纤光栅温度应变双参数传感研究[J].中国激光, 2001, 28(4): 372-374.

[40] 王琼, 严南, 等. 基于等强度悬臂梁的光纤传感器设计研究[J]. 微计算机信息, 2010, (4): 1-5.

第4章 光纤光栅应变传感及检测技术

在大型设备的结构检测中，应变检测是一个很重要的方面。应变是反映材料和结构力学特征的重要参数之一，从材料和结构中的应变分布情况能够得到构件的强度储备信息，从而确定构件局部位置的应力集中以及构件所受的实际载荷状况[1-3]。平面应变作为应变的一种重要形态，广泛存在于工程实践当中[4-6]，是大型设备应变监测的主要内容。对于作用在光纤光栅上的应变，无论有多复杂，都可以分解成轴向应变和横向（径向）应变来处理。目前，用光纤光栅应变检测，主要是利用其轴向应变的敏感性，然而光纤光栅对径向应变并不是绝对迟钝的[7-8]。第3章中的实验研究已经表明，光纤光栅和电阻应变片一样，同样存在横向效应。横向效应的存在，使得光纤光栅在测量方向不确定或方向不断变化的应力时，会导致较大的测量偏差。如在大型设备工作过程中，主要承力部件所受应力方向就是不断变化的，而且单个光纤光栅也无法完成被测点平面应变的测量分析。本章将针对这些问题，初步探讨利用光纤光栅应变花测量平面应变的理论，分析光纤光栅安装方位偏差对测量结果的影响程度，为光纤光栅在平面应变测量中的实际应用提供理论指导。

本章以大型设备中的平面应变检测技术为应用背景，介绍了利用光纤光栅进行平面应变检测时，光栅横向效应对测量结果带来影响，并提出了一种克服横向效应的双光纤光栅十字形封装结构。针对平面应变中主向应变不确定，以及测量过程中主向应变不断变化的复杂情况，参照金属应变花的理论及实践，介绍了光纤光栅应变花的制作形式及测量理论，给出了相关的计算公式；并且考虑到光纤光栅横向效应的影响，对光纤光栅应变花的测量公式进行了修正。通过开展光纤光栅嵌入式聚合物掺金属粉末封装应变实验，并与粘贴式光纤光栅应变片进行应变测量结果进行比较，验证了采用聚合物掺金属粉末嵌入式封装结构在大型设备关键受力部件上应用的可行性，从而为利用光纤光栅封装技术对大型设备进行复杂平面应变检测及分析提供了理论和实践借鉴。

4.1 平面应变状态分析

平面应变是指应变状态是平面的，即是二维的，其三维及平面透视图如图4.1所示。对弯曲或扭转的研究表明，杆件内不同位置的点具有不同的应力，而杆件的最大应力往往发生于构件表层。构件表面一般为自由表面，通常应变片粘贴在被测物体的自由表面，该表面处于平面应力状态[9]。在平面应变情况下，每个单元有两个主应力，分别为单元体最大、最小正应力。通过对主应变的测量，根据材料的性质，便可获得被测点主应力。

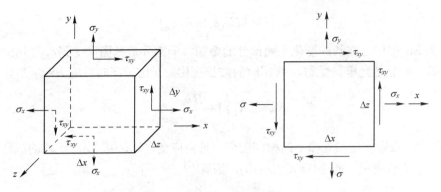

图 4.1 平面应力三维及平面透视图

在确定的坐标轴下进行平面应变分析时，若被测点的 3 个平面应变分量 ε_x、ε_y 和 γ_{xy} 已知，则测点处任意方向的正应变与剪应变可表示为

$$\begin{cases} \varepsilon_\alpha = \dfrac{\varepsilon_x + \varepsilon_y}{2} + \dfrac{\varepsilon_x - \varepsilon_y}{2}\cos 2\alpha - \dfrac{\gamma_{xy}}{2}\sin 2\alpha \\ \dfrac{\gamma_\alpha}{2} = \dfrac{\varepsilon_x - \varepsilon_y}{2}\sin 2\alpha + \dfrac{\gamma_{xy}}{2}\cos 2\alpha \end{cases} \quad (4.1)$$

直接测量平面应变时，由于剪应变 γ_{xy} 不易测量，因此一般先测出在 3 个选定方向 α_1、α_2、α_3 上的线应变 ε_{α_1}、ε_{α_2} 和 ε_{α_3}，则可得

$$\begin{cases} \varepsilon_{\alpha_1} = \dfrac{\varepsilon_x + \varepsilon_y}{2} + \dfrac{\varepsilon_x - \varepsilon_y}{2}\cos 2\alpha_1 - \dfrac{\gamma_{xy}}{2}\sin 2\alpha_1 \\ \varepsilon_{\alpha_2} = \dfrac{\varepsilon_x + \varepsilon_y}{2} + \dfrac{\varepsilon_x - \varepsilon_y}{2}\cos 2\alpha_2 - \dfrac{\gamma_{xy}}{2}\sin 2\alpha_2 \\ \varepsilon_{\alpha_3} = \dfrac{\varepsilon_x + \varepsilon_y}{2} + \dfrac{\varepsilon_x - \varepsilon_y}{2}\cos 2\alpha_3 - \dfrac{\gamma_{xy}}{2}\sin 2\alpha_3 \end{cases} \quad (4.2)$$

式中，线应变 ε_{α_1}、ε_{α_2} 和 ε_{α_3} 可以直接测出，是已知量。解此联立方程组，便可求出 ε_x、ε_y 和 γ_{xy}。在实际的测量过程中，可把 α_1、α_2、α_3 取为便于计算的数值。

4.2 光纤光栅在平面应变场中的测量修正

4.2.1 单个光栅在平面应变场中的测量误差

前面已经通过实验证实光纤光栅横向效应的存在，因此在平面应变场中，沿光纤光栅栅宽方向的应变可能会导致明显的读数偏差。下面将讨论在平面应变场中单个光纤光栅的安装方位对测量结果的影响。如图 4.2 所示，在一个双向应变场中，设整个坐标平面内各点应变状态均相同，主应变 ε_1 和 ε_2 方向为 OX 和 OY，光纤光栅与 X 轴的夹角为 θ，其轴向和横向分别受到应变的作用，产生的应变分别记为 ε_L 和 ε_B，从而其波长的变化量可表示为

$$\Delta\lambda = \lambda(K_L\varepsilon_L + K_B\varepsilon_B) \tag{4.3}$$

上式表明 Bragg 中心波长的变化是两部分的叠加,一部分是光栅仅受到 ε_L 作用时的波长变化,另一部分是光栅只受到 ε_B 作用时的波长变化,又由于横向效应 $H=K_B/K_L$,因此有

$$\Delta\lambda = \lambda K_L\left(1 + \frac{H\varepsilon_B}{\varepsilon_L}\right)\cdot\varepsilon_L \tag{4.4}$$

令 $\alpha = \varepsilon_B/\varepsilon_L$,表示作用在光栅上的横向应变与轴向应变之比,因此 α 与测点的应变场特征和光纤安装方位有关。若令 $K=K_L(1+\alpha H)$,则有[10]

$$\Delta\lambda = \lambda K^*\varepsilon_L \tag{4.5}$$

此式不仅适用于应变第一主向与光纤轴向重合的情况,而且表明光栅的应变灵敏系数的确定是有前提条件的,除了取决于光栅本身的特性外,还与安装方位、被测点应变场有关。如果使用条件满足应变第一主向与光纤轴向重合,即

$$\alpha = \frac{\varepsilon_B}{\varepsilon_L} = \frac{-\mu_0\varepsilon_X}{\varepsilon_X} = -\mu_0 \tag{4.6}$$

此时 $K^* = K = K_L(1-\mu_0 H)$。所以,若光纤的轴向与应变第一主向不重合时,它表现出来的灵敏度系数将不是 K,而是 K^*,如果仍然套用 K 值,那么测得的应变 ε 就会出现偏差。如图 4.2 所示之光纤光栅,实际想要测量的应变是沿光纤光栅轴向的 ε_L,所以 Bragg 中心波长的变化应由式(4.5)决定。如果仍然认为光栅的灵敏度系数为 K,有 $K^*\varepsilon_L = K\varepsilon$,或写为

$$K_L(1+\alpha H)\varepsilon_L = K_L(1-\mu_0 H)\varepsilon \tag{4.7}$$

则 $\varepsilon = \dfrac{\varepsilon_L(1+\alpha H)}{1-\mu_0 H}$,于是测得的 ε 与欲求应变 ε_L 的相对误差为

$$e = \frac{\varepsilon - \varepsilon_L}{\varepsilon_L} = \frac{1+\alpha H}{1-\mu_0 H} - 1 = \frac{\alpha + \mu_0}{1-\mu_0 H}H \tag{4.8}$$

易见光纤的横向效应是造成误差的根本原因,由式(4.8)可知,如果 $H=0$,则 $e=0$,如果 $H\neq 0$,只要应变第一主向与光栅轴向平行,即 $\alpha = -\mu_0$,则也有 $e=0$,否则误差总会存在,所以需要对测量结果进行修正。

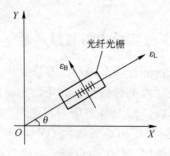

图 4.2 双向应变场中的光纤光栅

4.2.2 双光栅的十字形封装结构

由以上分析可知，如图 4.2 中的光纤光栅 F_1，其测得的波长变化是由 ε_L 和 ε_B 共同造成的，即

$$\varepsilon_1 = \frac{\varepsilon_L + H\varepsilon_B}{1 - \mu_0 H} \qquad (4.9)$$

而 ε_L 是实际要测得的真实应变，因此还需有一个方程才能解得 ε_L，如果在沿垂直于 F_1 的方向上安装另一根光纤光栅 F_2，则 F_2 产生的轴向和横向应变应分别是 F_1 的横向和轴向应变，从而容易得到光纤光栅 F_2 测得的应变 ε_2 为

$$\varepsilon_2 = \frac{\varepsilon_B + H\varepsilon_L}{1 - \mu_0 H} \qquad (4.10)$$

于是联立式（4.9）和式（4.10），可以解得

$$\begin{cases} \varepsilon_L = \dfrac{1 - \mu_0 H}{1 - H^2}(\varepsilon_1 - H\varepsilon_2) \\ \varepsilon_B = \dfrac{1 - \mu_0 H}{1 - H^2}(\varepsilon_2 - H\varepsilon_1) \end{cases} \qquad (4.11)$$

式（4.11）就是平面应变状态下光纤光栅应变测量的修正计算公式。

根据以上结论可知，可以利用两个相互垂直的光纤光栅构成的十字形封装结构[11]，分别将两个中心波长不等、轴向相互垂直的光纤光栅粘贴在十字形铝合金箔片衬底上，为避免两光栅重叠处产生非线性效应，y 向所开的槽要比 x 向略深。其具体结构参见图 4.3 所示的十字形封装结构三视图。

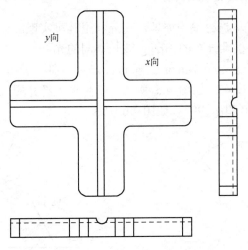

图 4.3 双光纤光栅十字形封装结构三视图

两根光纤 Bragg 光栅可串连在一起，共用一个宽带光源，采用光谱分析仪或其他波长解调仪器，便可测得两根光栅各自的波长漂移量，图 4.4 为十字形封装光纤光栅测量结构平面应变的原理图。将测得的两个光纤光栅的中心反射波长转化为相应的应变 ε_1 和 ε_2，代入式（4.11），即可求得沿光纤光栅粘贴方向的轴向应变 ε_L 和垂直光栅方向的横向

应变 ε_B，从而克服了光纤光栅横向效应带来的平面应变测量误差。

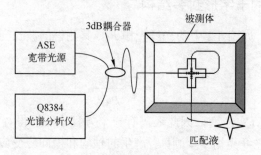

图 4.4　十字形封装结构测量原理图

4.3　光纤光栅应变花测量技术

4.2 节只对单根光纤光栅在平面应变场中的测量值进行了修正，克服了横向效应带来的测量偏差，尚不能实现对大型设备平面应变的详细分析，以及获得被测点处的主应变大小及其方向。根据 4.2 节中平面应变状态分析的理论可知，在直角坐标系中平面应力状态有两个或多至三个未知应力 σ_x、σ_y 和 τ_{xy}。由于每一个光纤 Bragg 光栅仅仅可以提供沿其方向上的一个正应变，因此，如果一个自由表面的应力状态完全未知时，就需要三个光纤 Bragg 光栅构成的应变花来进行测量。本节将在借鉴金属应变花的相关理论及实践的基础上，介绍光纤光栅应变花的有关理论。

4.3.1　光纤光栅应变花结构

根据光纤 Bragg 光栅波分复用原理，充分利用其可实现准分布式传感的优点，在一根单模光纤上制作出三根准分布的 Bragg 波长不同的光纤光栅，从而达到节省波长解调仪通道数的目的[12]。三根光纤 Bragg 光栅布置方向分别为 $\alpha_1=0°$、$\alpha_2=45°$ 和 $\alpha_3=90°$ 时，可得到直角光纤光栅应变花，如图 4.5 所示。三角形光纤光栅应变花的光纤光栅布置方向分别为 $\alpha_1=0°$、$\alpha_2=60°$ 和 $\alpha_3=90°$，如图 4.6 所示。

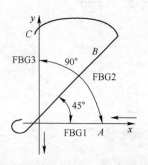 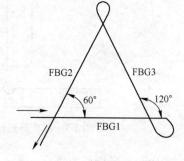

图 4.5　直角光纤光栅应变花结构　　　图 4.6　三角光纤光栅应变花结构

根据平面应变状态的分析理论，光纤光栅应变花中三个光纤光栅的布置方向均取特殊值。由式（4.2）可知

$$\begin{cases} \varepsilon_{\alpha_1} = \dfrac{\varepsilon_x + \varepsilon_y}{2} + \dfrac{\varepsilon_x - \varepsilon_y}{2}\cos 2\alpha_1 - \dfrac{\gamma_{xy}}{2}\sin 2\alpha_1 \\ \varepsilon_{\alpha_2} = \dfrac{\varepsilon_x + \varepsilon_y}{2} + \dfrac{\varepsilon_x - \varepsilon_y}{2}\cos 2\alpha_2 - \dfrac{\gamma_{xy}}{2}\sin 2\alpha_2 \\ \varepsilon_{\alpha_3} = \dfrac{\varepsilon_x + \varepsilon_y}{2} + \dfrac{\varepsilon_x - \varepsilon_y}{2}\cos 2\alpha_3 - \dfrac{\gamma_{xy}}{2}\sin 2\alpha_3 \end{cases} \quad (4.12)$$

式中：ε_{α_1}、ε_{α_2} 和 ε_{α_3} 是不同位置上光纤光栅测得的线应变，通过相应光纤光栅波长漂移可直接得到，是已知量。解此方程组，便可求出 ε_x、ε_y 和 γ_{xy}。通过求得的 ε_x、ε_y 和 γ_{xy}，利用式（4.13）即可确定测点的主应变方向及最大最小的主应变值。

$$\begin{cases} 2\alpha_0 = \arctan\left(-\dfrac{\gamma_{xy}}{\varepsilon_x - \varepsilon_y}\right) \\ \varepsilon_{\max} = \dfrac{\varepsilon_x + \varepsilon_y}{2} + \sqrt{\left(\dfrac{\varepsilon_x - \varepsilon_y}{2}\right)^2 + \left(\dfrac{\gamma_{xy}}{2}\right)^2} \\ \varepsilon_{\min} = \dfrac{\varepsilon_x + \varepsilon_y}{2} - \sqrt{\left(\dfrac{\varepsilon_x - \varepsilon_y}{2}\right)^2 + \left(\dfrac{\gamma_{xy}}{2}\right)^2} \end{cases} \quad (4.13)$$

安装方位不准造成的误差不仅与角偏差有关，而且和预定安装方位与测点主方向的夹角有关。预定安装方位与主应力方向之间的夹角越大，则角偏差造成的误差亦越大。因此，直角应变花适用于主应力方向大致知道的情况，将相互垂直的两根光纤光栅沿着估计的主应力方向粘贴，比其他应变花所得到的结果较为准确；三角形应变花主要用于主应力方向无法估计的情况，由于三根光栅互成 60°，每根光栅与主应力方向的最大夹角不超过 30°，是各型应变花中的最小者。

实际工程应用中，还有采用四根 60°应变花，能够给出四个应变读出数，它们之间有如下关系：

$$\varepsilon_{\theta_4} = \dfrac{2}{3}(\varepsilon_{\theta_2} + \varepsilon_{\theta_3}) - \dfrac{1}{3}\varepsilon_{\theta_1} \quad (4.14)$$

可利用这多余的一个应变数来检验其他三个读数的准确性。同理，四根 45°应变花也有类似的作用，它们的结构如图 4.7 和图 4.8 所示。

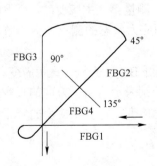

图 4.7　四根 45°光纤光栅应变花

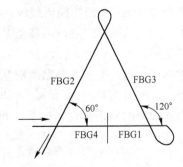

图 4.8　四根 45°光纤光栅应变花

在实际应用中，为了简化计算，如上所说的直角光纤光栅应变花和三角形光纤光栅应变花，其计算公式已经标准化了[13]，如表 4.1 所示。这样在有大量测点的工程实际应用中，可以编制相应的程序，通过单片机或计算机就可根据应变花的测试数据计算出主应力及主方向。

表 4.1 常见类型应变花的主应变、主应力及主方向角的计算公式表

应变花类型	应变花的主应变、主应力和主方向的计算公式
三根 45°应变花	$\varepsilon_{1,2} = \dfrac{(\varepsilon_{0°} + \varepsilon_{90°})}{2} \pm \dfrac{1}{2}\sqrt{(\varepsilon_{0°} - \varepsilon_{90°})^2 + (2\varepsilon_{45°} - \varepsilon_{0°} - \varepsilon_{90°})^2}$ $\sigma_{1,2} = \dfrac{E}{2}\left[\dfrac{\varepsilon_{0°} + \varepsilon_{90°}}{1-\mu} \pm \dfrac{1}{1+\mu}\sqrt{(\varepsilon_{0°} - \varepsilon_{90°})^2 + (2\varepsilon_{45°} - \varepsilon_{0°} - \varepsilon_{90°})^2}\right]$ $\phi = \dfrac{1}{2}\cot\left[\dfrac{2\varepsilon_{45°} - \varepsilon_{0°} - \varepsilon_{90°}}{\varepsilon_{0°} - \varepsilon_{90°}}\right]$
三根 60°应变花	$\varepsilon_{1,2} = \dfrac{(\varepsilon_{0°} + \varepsilon_{60°} + \varepsilon_{120°})}{3} \pm \sqrt{\left(\varepsilon_{0°} - \dfrac{\varepsilon_{0°} + \varepsilon_{60°} + \varepsilon_{120°}}{3}\right)^2 + \dfrac{1}{3}(\varepsilon_{60°} - \varepsilon_{120°})^2}$ $\sigma_{1,2} = \dfrac{E}{2}\left[\dfrac{\varepsilon_{0°} + \varepsilon_{60°} + \varepsilon_{120°}}{3(1-\mu)} \pm \dfrac{1}{1+\mu}\sqrt{\left(\varepsilon_{0°} - \dfrac{\varepsilon_{0°} + \varepsilon_{60°} + \varepsilon_{120°}}{3}\right)^2 + \dfrac{1}{3}(\varepsilon_{60°} - \varepsilon_{120°})^2}\right]$ $\phi = \dfrac{1}{2}\cot\left[\dfrac{\sqrt{3}(\varepsilon_{60°} - \varepsilon_{120°})}{2\varepsilon_{0°} - \varepsilon_{60°} - \varepsilon_{120°}}\right]$
四根 45°应变花	$\varepsilon_{1,2} = \dfrac{\varepsilon_{0°} + \varepsilon_{45°} + \varepsilon_{90°} + \varepsilon_{135°}}{2} \pm \dfrac{1}{2}\sqrt{(\varepsilon_{0°} - \varepsilon_{90°})^2 + (\varepsilon_{45°} - \varepsilon_{135°})^2}$ $\sigma_{1,2} = \dfrac{E}{2}\left[\dfrac{\varepsilon_{0°} + \varepsilon_{45°} + \varepsilon_{90°} + \varepsilon_{135°}}{2(1-\mu)} \pm \dfrac{1}{1+\mu}\sqrt{(\varepsilon_{0°} - \varepsilon_{90°})^2 + (\varepsilon_{45°} - \varepsilon_{135°})^2}\right]$ $\phi = \dfrac{1}{2}\cot\left[\dfrac{\varepsilon_{45°} - \varepsilon_{135°}}{\varepsilon_{0°} - \varepsilon_{90°}}\right]$
四根 60°应变花	$\varepsilon_{1,2} = \dfrac{\varepsilon_{0°} + \varepsilon_{90°}}{2} \pm \dfrac{1}{2}\sqrt{(\varepsilon_{0°} - \varepsilon_{90°})^2 + \dfrac{4}{3}(\varepsilon_{60°} - \varepsilon_{120°})^2}$ $\sigma_{1,2} = \dfrac{E}{2}\left[\dfrac{\varepsilon_{0°} + \varepsilon_{90°}}{(1-\mu)} \pm \dfrac{1}{1+\mu}\sqrt{(\varepsilon_{0°} - \varepsilon_{90°})^2 + \dfrac{4}{3}(\varepsilon_{60°} - \varepsilon_{120°})^2}\right]$ $\phi = \dfrac{1}{2}\cot\left[\dfrac{2(\varepsilon_{60°} - \varepsilon_{120°})}{\sqrt{3}(\varepsilon_{60°} - \varepsilon_{90°})}\right]$

4.3.2 光纤光栅应变花的横向效应修正

前面已经讨论过光纤 Bragg 光栅横向效应对应变读数的影响，对于单向应力状态的测量，即使光纤 Bragg 光栅的横向效应系数达到 5%，测量第一主应变时，所得的应变读数误差也不会大于 1%，一般可不修正[14]。对于平面应力状态的测点，横向效应的影响一般是要修正的。

当主方向已知时，沿主方向贴两根互相垂直的光纤 Bragg 光栅（直角应变花），测得沿两个主方向的应变读数为 $\varepsilon'_{0°}$ 和 $\varepsilon'_{90°}$，以 $\varepsilon'_{0°}$ 和 $\varepsilon'_{90°}$ 分别表示这两个方向的真实应变，根据前面对横向效应的修正公式（4.11），可得到对直角应变花计算主应变的修正公式为

$$\begin{cases} \varepsilon_1 = \varepsilon_{0°} = \dfrac{1-\mu_0 H}{1-H^2}(\varepsilon'_{0°} - H\varepsilon'_{90°}) \\ \varepsilon_2 = \varepsilon_{90°} = \dfrac{1-\mu_0 H}{1-H^2}(\varepsilon'_{90°} - H\varepsilon'_{0°}) \end{cases} \quad (4.15)$$

当主应变方向未知,并使用三根光纤光栅应变花时,修正应变读数的公式仍可从式(4.11)导出。如图 4.9 所示的三根 45°应变花,应用式(4.11),并令系数

$$Q = \frac{1-\mu_0 H}{1-H^2} \tag{4.16}$$

则可得

$$\begin{cases} \varepsilon_{0°} = Q(\varepsilon'_{0°} - H\varepsilon'_{90°}) \\ \varepsilon_{90°} = Q(\varepsilon'_{90°} - H\varepsilon'_{0°}) \end{cases} \tag{4.17}$$

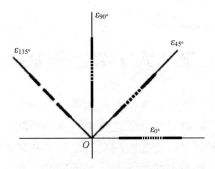

图 4.9 对三根光纤光栅应变花的修正

再在 135°方向上虚设一个光纤 Bragg 光栅,与式(4.17)同理可得

$$\begin{cases} \varepsilon_{45°} = Q(\varepsilon'_{45°} - H\varepsilon'_{135°}) \\ \varepsilon_{135°} = Q(\varepsilon'_{135°} - H\varepsilon'_{45°}) \end{cases} \tag{4.18}$$

又根据弹性理论的应变不变量公式可写出

$$\varepsilon_{0°} + \varepsilon_{90°} = \varepsilon_{45°} + \varepsilon_{135°} \tag{4.19}$$

将式(4.19)代入式(4.18)消去 $\varepsilon_{135°}$,再与式(4.17)联合求解,即可得到用于修正三个 45°应变花读数的公式为

$$\begin{cases} \varepsilon_{0°} = Q(\varepsilon'_{0°} - H\varepsilon'_{90°}) \\ \varepsilon'_{45°} = Q[(1+H)\varepsilon'_{45°} - H(\varepsilon'_{0°} + \varepsilon'_{90°})] \\ \varepsilon_{90°} = Q(\varepsilon'_{90°} - H\varepsilon'_{0°}) \end{cases} \tag{4.20}$$

按照类似的推导,可以得到其他类型光纤光栅应变花的修正公式,如表 4.2 所示。

表 4.2 光纤 Bragg 光栅应变花横向效应修正公式

应变花类型	修正公式
两根直角应变花	$\varepsilon_{0°} = Q(\varepsilon'_{0°} - H\varepsilon'_{90°})$ $\varepsilon_{90°} = Q(\varepsilon'_{90°} - H\varepsilon'_{0°})$
三根 45°应变花	$\varepsilon_{0°} = Q(\varepsilon'_{0°} - H\varepsilon'_{90°})$ $\varepsilon_{45°} = Q[(1+H)\varepsilon'_{45°} - H(\varepsilon'_{0°} + \varepsilon'_{90°})]$ $\varepsilon_{90°} = Q(\varepsilon'_{90°} - H\varepsilon'_{0°})$

(续)

应变花类型	修正公式
三根60°应变花	$\varepsilon_{0°} = Q[\varepsilon'_{0°} - H(\varepsilon'_{60°} + \varepsilon'_{120°})]$ $\varepsilon_{60°} = Q[\varepsilon'_{60°} - H(\varepsilon'_{120°} + \varepsilon'_{0°})]$ $\varepsilon_{120°} = Q[\varepsilon'_{120°} - H(\varepsilon'_{0°} + \varepsilon'_{60°})]$
四根45°应变花	$\varepsilon_{0°,\,90°} = Q(\varepsilon'_{0°,\,90°} - H\varepsilon'_{90°,\,0°})$ $\varepsilon_{45°,\,135°} = Q(\varepsilon'_{45°,\,135°} - H\varepsilon'_{135°,\,45°})$
四根60°应变花	$\varepsilon_{0°,\,90°} = Q(\varepsilon'_{0°,\,90°} - H\varepsilon'_{90°,\,0°})$ $\varepsilon_{60°,\,120°} = Q[(1+H)\varepsilon'_{60°,\,120°} - H(\varepsilon'_{0°} + \varepsilon'_{90°})]$

4.4 嵌入式封装应变测量技术

表面粘贴式封装光纤光栅传感器在工程应用中较为方便，表面粘贴的方式不会破坏或减弱原有结构，通常用于被测对象处于工作之后的检测和监测阶段。然而表面粘贴式光纤光栅传感器仅能获得被测点位表面的应变或温度等物理量，对于一些大型设备的关键部件等，无法监测其内部物理参数。而光纤光栅的嵌入式封装技术，可以在检测对象的设计和生产阶段，将光纤光栅与被测对象一体化设计，从而便于对大型设备关键部分及构件的内部参数进行实时测量。然而，其缺点也较为明显，会影响被测对象的原有结构及特性，且传感器的安装及布设工艺复杂、成本较高。

4.4.1 嵌入式封装的基本原则

在进行光栅嵌入式封装时要遵循以下的基本原则[15]。

1. 相容性

将光纤光栅传感器成功应用于检测领域，其最重要的技术难点之一就是传感器与被测结构之间的相容性问题，即传感器与被测结构的变形匹配问题，传感器应以与被测结构材料基质的性质越相近越好。要想尽量避免或减小对被测对象物理特性的影响，必须从以下几个方面考虑。

（1）强度相容：埋设或粘贴的传感器不能影响被测结构的强度或者影响很小。

（2）界面相容：传感器的材料外表面与结构材料要有相容性。

（3）尺寸相容：传感器的长度要与结构构件相比应尽量小，保证传感器与待测结构变形相匹配。

（4）场分布相容：传感器材料不能影响待测结构的各种场分布特性，如应力场。

2. 传感特性

裸光纤光栅是优良的传感元件，在封装后要尽量保持其固有的优良特性，而其传感特性与封装结构、封装材料和封装工艺密切相关。

3. 工艺性

传感器的设计要尽量简单、便于加工。封装的各个传感器的各项性能指标要保证基本一致，以达到对传感器的一致性和重复性的要求，便于批量生产。

4．使用性能

传感器的安装、保护和调试要简单、方便，最好可重复使用，并满足大型工程结构现场的施工要求。

4.4.2 聚合物与金属粉末混合封装

基于以上要求考虑，决定采用聚合物掺金属粉末在纯弯曲梁刻槽中对光纤光栅进行封装，此方法来源于金属注射成形（Metal Injection Molding，MIM），MIM 是一种从塑料注射成形行业中引申出来的新型粉末冶金成形技术。众所周知，塑料注射成形技术能以低廉的价格生产各种复杂形状的制品，但强度不高。为了改善其性能，可以在塑料中添加金属或陶瓷粉以得到较高强度、耐磨性好的制品，这也是本书采用聚合物掺金属粉末进行封装这一想法的由来。近年来，这一想法已发展演变为最大限度地提高固体粒子的含量并且在随后的烧结过程中完全除去粘接剂并使得成形坯致密化。在本试验中采用聚合物掺金属粉末进行封装目的是提高钢槽的强度，最大限度的保护光纤光栅，减少应力集中，提高钢梁的承载能力。为了使得封装后钢梁达到预定要求，必须得选取符合要求的金属粉末和聚合物粘接剂。

1．金属粉末的选取

金属粉末的选取主要考虑粉末形状、粒度和粒度组成等。目前采用 MIM 工艺处理的金属粉末材料体系包括 Fe-Ni 合金、不锈钢、工具钢、高比重合金、硬质合金、钛合金、镍基超合金、金属间化合物、氧化铝等[16]。选取合适的粉末能够得到较好的效果。总体来说，金属粉末应满足下列要求：

（1）粒度较小，一般为 2～8μm。
（2）振实粉末的自然坡度角大于 55°。
（3）粉末振实密度大于理论密度的 50%。
（4）粉末颗粒为近球形。

选取粒度较小的粉末，一方面可以使金属粉末与粘接剂充分结合，另一方面可以使粉末颗粒间具有较高的相对摩擦力；选取振实粉末自然坡度角大于 55°是为了增加粉末颗粒间相对摩擦力；振实密度大于理论密度 50%的粉末能够提高金属粉末与粘接剂的混合物的金属含量，金属含量的提高将减小封装后槽的收缩，从而有利于消除啁啾；选取近球形粉是为了使金属粉末与粘接剂的混合物具有较好的流动性[17]。

经过分析同时考虑实际情况，金属粉末选择镍粉。镍是一种银白色金属，首先是由瑞典矿物学家克朗斯塔特（A. F. Cronstedt）分离出来的。由于它具有良好的机械强度和延展性，难熔耐高温，并具有很高的化学稳定性，在空气中不氧化等，因此是一种十分重要的有色金属原料，被用来制造不锈钢、高镍合金钢和合金结构钢，广泛用于飞机、雷达、导弹、坦克、舰艇、宇宙飞船、原子反应堆等各种军工制造业。在民用工业中，镍常制成结构钢、耐酸钢、耐热钢等大量用于各种机械制造业。镍还可作陶瓷颜料和防腐镀层，镍钴合金是一种永磁材料，广泛用于电子遥控、原子能工业和超声工艺等领域，在化学工业中，镍常用作氢化催化剂。近年来，在彩色电视机、磁带录音机和其他通信器材等方面镍的用量也正在迅速增加。总之，由于镍具有优良性能，已成为发展现代航空工业、国防工业和建立人类高水平物质文化生活的现代化体系不可缺少的金属。

2．聚合物的选取

聚合物所选择胶黏剂，是金属粉末流动性的载体，又是连接粉末颗粒，使其保持特定形状的桥梁。这就要求胶黏剂具有良好的流动性（低黏度、与粉末润湿性好），同时要求胶黏剂固化后，粘接剂是金属粉末的载体，胶黏剂的选择是整个实验的关键。对聚合物胶黏剂有以下几点要求[18]：

（1）用量少，用较少的胶黏剂能使混合料产生较好的流变性。

（2）不反应，在胶黏剂的固化过程中与金属粉末不起任何化学反应。

经过分析同时与实际情况结合，胶黏剂选择低温固化胶 DG-3S，其为耐温-60～150℃的改性环氧粘接剂，分 A、B 两组包装。该胶具有以下特点：

（1）胶接工艺简单、使用方便、固化快，在-5～0℃情况下亦可固化。

（2）具有良好的耐介质性，耐油、耐水、耐酸、耐碱。

（3）粘接力强。

（4）胶层韧性好，胶合件应力小。

该胶可用于金属、玻璃、硬质橡皮、水泥、塑料、木材等同种或异种材料的粘接；可广泛用于汽车、飞机、电子、电机、仪器仪表、机械、石油等行业的装配或修补，加入适量的填料后还可以作为其他机械设备的粘贴和维修用胶；对温度及振动冲击的技术指标均符合电子工业部标准。

4.4.3 嵌入式封装工艺

粘接的实质是胶黏剂对被粘接物的黏附，粘接强度的大小及其耐久性不仅和胶黏剂的性质有关，而且和被粘接物的表面结构、表面能、表面活性、表面清洁度及表面几何状态等有十分密切的关系。为此，掌握被粘接物表面的真实情况和采取适当的表面处理已成为胶接成败的重要因素之一。

在金属粘接的过程中，其表面适宜的粗糙程度往往利于粘接强度的提高。但这种粗糙程度要控制在一个合适的范围内，如表面过于粗糙，则会因胶黏剂对凹凸表面的浸润性变坏或凹深处易于积存空气反而使粘接强度下降。另外，在粗糙的表面上，要尽量使胶黏剂包藏的空气量最少[19]。下面着重对光纤光栅封装流程进行介绍：

第一步，打磨钢槽表面。钢梁由于采用 Q235 材质，属于低碳钢，容易锈蚀，所以必须对钢槽用砂纸进行打磨处理。

第二步，清洗钢槽表面。钢槽表面由于经处理后，往往容易在短时间内形成氧化层。因此，清洁后的表面干燥条件要严格控制。常在水洗后继续用醇类再清洗，使表面快速干燥并抑制了钢表面疏松氧化层的形成。因此粘贴前，用蘸有乙醇或者丙酮的脱脂棉，将被粘接物和粘接物表面擦拭干净（由于乙醇和丙酮的挥发性很强，擦拭后钢槽表面很快就可风干）。

第三步，固定光纤光栅。光纤光栅采用上海紫珊光电技术有限公司生产的单模光栅 A1559.0 为敏感元件，其中心波长为 1559.0nm，反射率大于 90%，带宽小于 0.3nm，光纤光栅的剥纤长度为 16mm，栅区长度为 8mm。光纤光栅表面经处理完后，将光纤光栅放置于钢槽中心处，目的是确保光纤光栅所测量的是钢槽中心处的应变；采用特殊的方法将光纤光栅两端光纤部分固定在钢槽两端。

第四步，封装光纤光栅。根据 DG-3S 使用方法按 2∶1 的比例将 A、B 两组混合；随后加入适量金属镍粉，放入的量既要保证胶固化后强度增大，又要确保混合胶黏性适当，便于光纤光栅封装。按照相应比例混合均匀后，将胶装填入钢槽中。在填胶过程中，用小棒水平地向一个方向填胶，这样可以防止气体混入胶体，从而保证填胶的均匀性。填胶完后，用钢尺将钢槽封装表面进行处理，确保表面平整。装填完成后，放置室内 48h 以便完成固化。固化完成后金属梁如图 4.10 所示。

图 4.10 金属梁中的光纤光栅嵌入式封装

4.4.4 嵌入式封装实验检测

弯曲是金属结构梁主要的受力形式，因此重点针对光纤光栅嵌入式封装的纯弯曲梁，采用 BWQ-1 纯弯曲试验装置进行弯曲试验研究[20]。纯弯曲试验装置简图如图 4.11 所示。

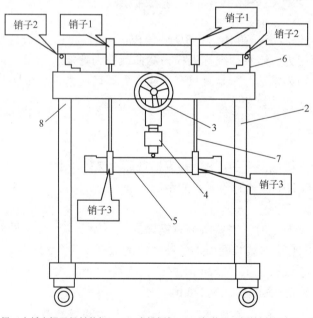

1—纯弯曲梁（光纤光栅已经封装好）；2—支撑框架；3—加载器（蜗轮手动）；4—力传感器；
5—承力下梁；6—支座；7—加载杆；8—立柱。

图 4.11 BWQ-1 纯弯曲试验装置

弯曲梁为自制 Q235 低碳钢，静载下屈服极限 σ_s=216～235 MPa，强度极限 σ_b=373～461MPa，延伸率 δ=25%～27%，弹性模量 E=210 GPa，泊松比 $\nu \approx 0.28$。力学传感器所

测量的力为梁两端的压力之和。

设在梁的纵向对称面内，作用大小相等，方向相反的力偶，构成纯弯曲。其计算简图、剪力图和弯矩图分别如图 4.12（b）、(c)、(d) 所示。

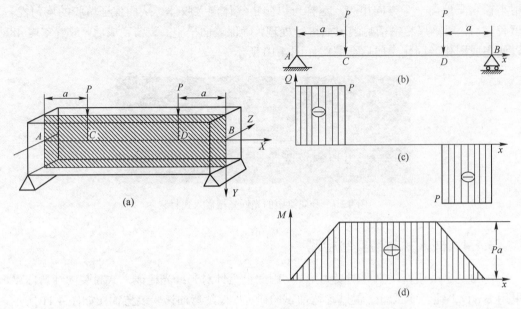

图 4.12 纯弯曲分析图

从图 4.12 中可以看出，在 AC 和 BD 两段内，梁横截面上既有弯矩又有剪力，因此既有正应力又有剪应力。这种情况称为横力弯曲或剪力弯曲。在 CD 段内，梁横截面上剪力等于零，而弯矩为常数，于是就只有正应力而无剪应力，这种情况称为纯弯曲[13]。

纯弯曲梁的正应力计算公式如下：

$$\sigma = \frac{My}{I_Z} \tag{4.21}$$

式中：M 为纯弯曲梁横截面上的弯矩；I_Z 为横截面对 Z 轴（中性轴，即图 4.12(a)中 Z 轴）的惯性矩；y 为横截面中性轴到预测点的距离。

1. 拉应变测量

在进行拉伸应变测量时，需要将刻有钢槽的一侧朝下，以便使的光纤光栅处于拉伸状态。光纤光栅的中心反射波长随所加负载变化的数据如表 4.3 所示。当加载变化 3300N 时，光纤光栅的中心波长从 1559.22nm 变化至 1559.48nm，变化量为 0.26nm；卸载过程中心波长从 1559.48nm 变化至 1559.22nm。

表 4.3 金属粉末聚合物封装拉应变测量数据

序号	加载/卸载/N	加载/卸载应变/με	加载波长/nm	卸载波长/nm
1	0/3300	0/215.457	1559.220	1559.480
2	300/3000	19.587/195.870	1559.240	1559.460
3	600/2700	39.174/176.283	1559.260	1559.440
4	900/2400	58.761/156.696	1559.280	1559.420

(续)

序号	加载/卸载/N	加载/卸载应变/με	加载波长/nm	卸载波长/nm
5	1200/2100	78.348/137.109	1559.300	1559.380
6	1500/1800	97.935/117.522	1559.340	1559.360
7	1800/1500	117.522/97.935	1559.360	1559.340
8	2100/1200	137.109/78.348	1559.380	1559.320
9	2400/900	156.696/58.761	1559.400	1559.300
10	2700/600	176.283/39.174	1559.440	1559.280
11	3000/300	195.870/19.587	1559.460	1559.240
12	3300/0	215.457/0	1559.480	1559.220

钢梁槽底应力为

$$\sigma' = \frac{My}{I_z'} = 45.246 \text{MPa}$$，其中 y=19.5mm。

惯性矩为

$$I_z' \approx I_z = \frac{bh^3}{12} = \frac{32}{3} \times 10^{-8}$$

由 $\sigma = E \times \varepsilon$ 可以得到 $\Delta\varepsilon'' = \frac{\sigma'}{E} = 215.457\mu\varepsilon$。而中心波长变化量为 0.260nm。因此得到应变灵敏度为 $\Delta\lambda/\Delta\varepsilon''$=1.2067pm/με。

图 4.13 为拟合得出的封装好的光纤光栅在受拉应力时波长-应变变化曲线图，应变增量 $\Delta\varepsilon$=19.587 με。

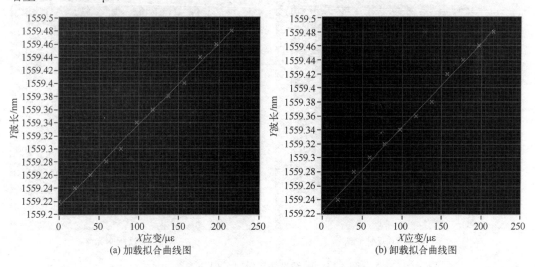

图 4.13 光纤光栅波长-应变变化拟合曲线图

加载和卸载拟合曲线分别为 y=1559+1242x 和 y=1559+1207x。从加载和卸载拟合曲线还可以看出加载和卸载过程中光纤光栅波长-应变变化曲线的线性度较好，而且具有很好的重复性。同时，应变灵敏度提高了 1.4 倍，有利于应变测量。

为进一步说明试验效果，特将远程自动解调软件所获取的反射光谱图进行说明。

图 4.14 与图 4.15 为测得的光纤光栅反射光谱曲线，从图中可以看出当采用特殊方法固定时，在粘接剂固化后，从反射谱中可以看出光纤光栅的啁啾现象得到了很好的抑制，这将有利于光纤光栅反射波峰信号的提取。如果光纤光栅存在啁啾现象，则光纤光栅反射谱会出现过多旁瓣信号，波峰信号将受到干扰，甚至会无法有效提取光纤光栅的中心波长信息。

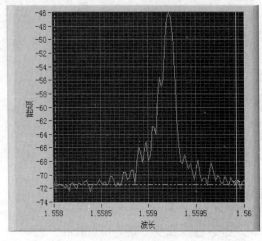
(a) 加载前反射光谱

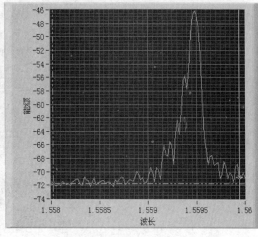
(b) 加载后反射光谱

图 4.14 光纤光栅拉伸时反射光谱图

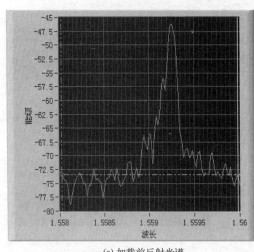
(a) 加载前反射光谱

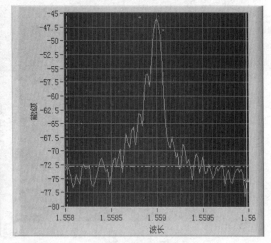
(b) 加载后反射光谱

图 4.15 光纤光栅压缩时反射光谱图

2. 压应变测量

在进行压应变测量时，需要将刻有钢槽的一侧朝上，以便使光纤光栅处于压缩状态。光纤光栅的中心反射波长随所加负载变化的数据如表 4.4 所示。光纤光栅的中心波长从 1559.26nm 变化至 1559.0nm，变化量为 0.260nm；卸载过程中心波长从 1559.0nm 变化至 1559.26nm。压应变灵敏度与拉应变灵敏度相同，为 $\Delta\lambda/\Delta\varepsilon''=1.2067\text{pm}/\mu\varepsilon$。

表 4.4 金属粉末聚合物封装压应变测量数据

序号	加载/卸载/N	加载/卸载应变/με	加载波长/nm	卸载波长/nm
1	0/3300	0/215.457	1559.260	1559.000
2	300/3000	19.587/195.870	1559.240	1559.020
3	600/2700	39.174/176.283	1559.200	1559.040
4	900/2400	58.761/156.696	1559.180	1559.060
5	1200/2100	78.348/137.109	1559.160	1559.100
6	1500/1800	97.935/117.522	1559.140	1559.120
7	1800/1500	117.522/97.935	1559.120	1559.140
8	2100/1200	137.109/78.348	1559.100	1559.160
9	2400/900	156.696/58.761	1559.080	1559.180
10	2700/600	176.283/39.174	1559.040	1559.200
11	3000/300	195.870/19.587	1559.020	1559.220
12	3300/0	215.457/0	1559.000	1559.260

图 4.16 拟合得出的封装好的光纤光栅在受到压应力的波长-应变变化曲线图，加载和卸载拟合曲线分别为 $y=1559-1189x$ 和 $y=1559-1175x$。从加载和卸载拟合曲线可以看出在压缩状态进行应变测量的效果与拉伸时效果一样，在加载和卸载过程中光纤光栅波长-负载变化曲线的线性度较好，同样具有很好的重复性。

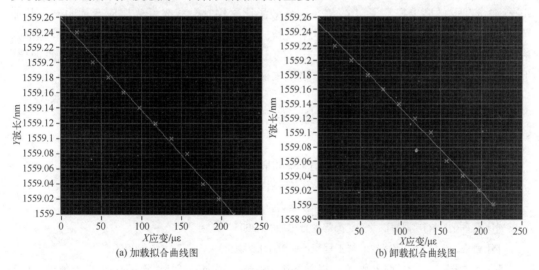

(a) 加载拟合曲线图   (b) 卸载拟合曲线图

图 4.16 光纤光栅拟合曲线图

在本实验中，为了对比嵌入式聚合物掺金属粉末的效果，将自制的粘贴式光纤光栅应变片粘贴于纯弯曲梁背面中心处（粘接剂同样采用 DG-3S）。实验中光纤光栅的中心反射波长随所加负载变化的数据如表 4.5 所示，从实验数据中可以看出，实际钢梁受力测量时，光纤光栅波长数据的线性度并不理想，其原因可能由于粘贴式光纤光栅应变片在粘贴时，聚合物粘接剂传递应变时损失过大。这进一步说明在光纤光栅传感器的实际应用中，对传感器粘贴工艺要求较高，对不同被测材质的物体需选用合适的粘接剂，否则达不到预期效果；而采用嵌入式聚合物掺金属粉末封装，不仅可以保证光纤光栅与被测物体近似融为一体，使得测量数据的线性度更加明显，而且还可以一定程度上提高封装强度，增加光纤光栅传感器的抗拉、抗压和抗摩擦的能力。因此可以得出结论：采用嵌入式聚合物掺金属粉末封装比采用粘贴式的效果要好。

表 4.5　金属粉末聚合物封装压应变测量数据

序号	加载/N	加载波长/nm	卸载/N	卸载波长/nm
1	0	1558.860	3300	1558.780
2	300	1558.860	3000	1558.780
3	600	1558.840	2700	1558.780
4	900	1558.840	2400	1558.800
5	1200	1558.820	2100	1558.800
6	1500	1558.820	1800	1558.820
7	1800	1558.820	1500	1558.820
8	2100	1558.800	1200	1558.840
9	2400	1558.800	900	1558.840
10	2700	1558.800	600	1558.840
11	3000	1558.780	300	1558.860
12	3300	1558.780	0	1558.860

从上述实验数据对比的结果来看，采用聚合物掺金属粉末嵌入式封装比裸光纤光栅进行测量在灵敏度上提高了 1.4 倍，测量效果比采用粘贴式光纤光栅应变片明显；从加载和卸载拟合曲线还可以看出光纤光栅波长-负载变化曲线的线性度较好，而且具有很好的重复性；在实验过程中对其进行了反复的压缩与拉伸，没有出现胶层裂缝或脱胶现象。因此本实验验证了采用的聚合物掺金属粉末嵌入式封装的可行性。

参 考 文 献

[1] 殷雅俊, 范钦珊, 等. 材料力学[M].3 版.北京：高等教育出版社, 2019.

[2] 周智. 土木工程结构光纤光栅智能传感元件及其检测系统[D]. 哈尔滨：哈尔滨工业大学, 2003.

[3] 刘晓江. 超高灵敏度工程化光纤光栅索力传感器[D]. 大连：大连理工大学, 2020.

[4] 张联盟. 材料学[M]. 北京：高等教育出版社, 2005.

[5] 孙丽. 光纤光栅传感技术与工程应用研究[D]. 大连：大连理工大学, 2006.

[6] 刘春桐, 李洪才, 张志利, 等. 铝合金箔片封装光纤光栅传感特性研究[J]. 光电子·激光, 2007, 19(7): 905-908.

[7] 吴飞, 李立新, 李亚萍, 等. 光纤 Bragg 光栅横向局部受力特性的研究[J]. 光电子·激光, 2005, 16(11): 1270-1273.

[8] 李立新. 光纤 Bragg 光栅横向局部受力特性的研究[D]. 秦皇岛：燕山大学, 2005.

[9] 赵雪峰, 田石柱, 欧进萍. 基于光纤光栅应变花的平面应变状态实验分析[J]. 光电子·激光, 2004, 15(1): 65-68.

[10] 谭敏峰, 朱四荣, 宋显辉, 等. 安装偏差对光纤布喇格光栅应变测量的影响[J]. 光子学报, 2006, 35(9): 1354-1357.

[11] 刘春桐, 陈平, 李洪才, 等. 光纤光栅横向效应在平面应变测量中的应用[J]. 光学与光电技术, 2008, 6(6): 29-32.

[12] 谭敏峰. 光纤 Bragg 光栅传感特性及其测试技术[D]. 武汉: 武汉理工大学, 2006.

[13] 朱四荣, 谭敏峰, 郭明金, 等. 光纤布拉格光栅的横向效应研究[J]. 武汉理工大学学报, 2005, 27(9) : 7-9.

[14] 郭子学. 光纤 Bragg 光栅的制作及温度补偿方法的研究[D]. 大连: 大连理工大学, 2005.

[15] 曲选辉, 李益民, 黄伯云. 金属粉末注射成形技术[J]. 粉末冶金材料科学与工程, 1996, 12(2): 33-37.

[16] 岳建岭, 李益民, 李笃信. 粉末注射成形产品的精度控制及其数学模型[J]. 粉末冶金材料科学与工程, 2004, 9(3): 197-203.

[17] 李益民, 曲选辉, 黄伯云. 金属粉末注射成形技术的现状和发展动向[J]. 粉末冶金材料科学与工程, 1999, 4(4): 266-275.

[18] 张驰, 杨长辉, 陈元芳. 金属(陶瓷)粉末注射成形技术及应用[J]. 现代制造工程, 2003(10): 55-57.

[19] 赵兵, 张志利, 涂洪亮. 环氧树脂掺金属粉末嵌入式 FBG 封装技术研究[J]. 传感技术学报, 2009, 22(11): 1675-1678.

[20] 刘春桐, 涂洪亮, 李洪才, 等. 全金属封装光纤光栅的温度传感特性研究[J]. 传感器与微系统, 2008, 27(10): 58-59, 65.

第5章 光纤光栅液压系统多参量传感及检测技术

在工业生产过程中，流量、压力、温度和物位统称为过程控制中的四大参数[1]，人们通过这些参数特征对生产过程进行监测和控制。流量的精确测量和调节，已成为确保生产过程运行高效、经济安全和管理自动化的基础。随着科学技术的不断进步，工程应用中对流量测量的精度、功能以及环境适应能力等多个方面的要求越来越高[2-4]。与机械和电力传动相比，液压传动具有同功率输出条件下质量轻、体积小，可以实现大范围的无级调速、反应速度快和易于过载保护等诸多优点，在大型机电设备中具有广泛而重要的应用[5]。在液压系统的工作过程中，液压油作为工作介质，其在不同环节及特定位置的流量、压力和温度等参数，均是反映液压系统是否处于正常工作状态的重要信号，同时也是实现液压系统故障诊断及分析的重要依据。

在大型设备液压系统检测领域中，油路中的流量、压力和温度是系统工作状态监测和故障分析过程中需运用的重要参数[6-7]。液压系统检测中传统的传感元件多数属于电学元件，均需要带电工作，其本身产生的静电及电火花等会给系统安全带来不确定因素，并且容易遭受强电磁干扰及外界恶劣环境状态的影响[8-9]。而且液压系统传统的检测传感器存在着体积大、灵敏性差、测量参数单一、检测点数受限、不易实现网络化测试等不足。因此，在大型设备液压系统检测等重要领域，同样要求传感器具备体积小、灵敏度高、安全可靠、易于实现远距离网络化测控等特点。

鉴于流量精确测量和调节在工业生产过程自动化中的重要性，以及在大型机电设备等特殊应用领域的迫切需求，传统的电学类流量传感器已无法满足工业现场的恶劣环境及特殊应用领域抗强电磁干扰的需求。而且单个流量传感器、单一参数的测量，已不能满足分布式传感及信息化、网络化测控的发展需求。智能化、便于组成网络、应用灵活的多功能流量传感器已成为技术发展的新趋势[10-12]。光纤光栅是一种新型光纤无源器件，其与传统的电学类传感元件有着本质的不同。它主要利用光波为传感传输的载体，光纤作为传输的媒介，栅区部分作为敏感元件，感知和检测被测量的变化[13-15]。因此，光纤光栅传感器在继承了光纤传感器质量轻、尺寸小、抗电磁干扰、便于远距离传输等优点的同时，还具备灵敏度高、不受入射光强度波动的影响、便于组成传感网络等诸多优点[16-18]。

利用光纤光栅独特的技术优势，本章针对大型设备液压系统传统检测方式中体积大、灵敏性差、检测参数单一、检测点数受限等局限性和不足，采用光纤光栅作为敏感元件，分别设计制作了温度、压力和流量传感器，并分别基于压差原理和靶式结构设计制作了集温度、压力和流量为一体的光纤光栅多功能复合流量传感器[19-20]。同时，围绕轴向柱塞泵的振动频率测量问题，通过模态分析得出轴向柱塞泵壳体的振动特性，并确定振动检测的合适位置；设计制作了基于双等强度梁结构的光纤光栅振动传感器，并在柱塞泵不同电机转速状态下对振动频率进行了测量，为轴向柱塞泵后续的故障诊断提供了传感检测途径。

5.1 光纤光栅压力传感器

5.1.1 轴向光纤光栅压力传感原理及实现

当光纤光栅受到施加压力或轴向应力后,光栅周期的伸缩以及弹光效应引起光栅的中心波长发生漂移[21-22]。考虑光栅仅受轴向应力而无切向应力的情况下,且温度场保持恒定,轴向应变会引起光栅栅距的变化为

$$\Delta \Lambda = \Lambda \cdot \varepsilon \tag{5.1}$$

有效折射率的变化可以根据由弹光系数矩阵及张量矩阵原理进行求解,最终沿 z 方向传播的光波所感受到的折射率变化为

$$\Delta n_{\text{eff}} = -\frac{1}{2} n_{\text{eff}}^2 [P_{12} - \nu(P_{11} + P_{12})] \cdot \varepsilon_z \tag{5.2}$$

定义有效弹光系数 P_e 为

$$P_e = \frac{1}{2} n_{\text{eff}}^2 [P_{12} - \nu(P_{11} + P_{12})] \tag{5.3}$$

于是有

$$\Delta \lambda_B = (1 - P_e) \varepsilon_z \cdot \lambda_B \tag{5.4}$$

而光纤光栅的应变灵敏度 $K_\varepsilon = (1-P_e)$,对于掺锗石英光纤,可得到 $P_e=0.22$,从而可以计算得 $1\mu\varepsilon$ 引起的 1550nm 波段光纤光栅波长的变化量约为 0.0012nm,应变灵敏度 $K_\varepsilon=0.78$,光纤光栅所允许施加的张力一般可以达到 1%的应变,在此范围内光纤光栅的反射波长与应变线性关系良好。

若沿光纤轴向施加拉力 F,则根据胡克定律,光纤产生的轴向应变为

$$\varepsilon_z = \frac{1}{E} \cdot \frac{F}{S} \tag{5.5}$$

式中:E 为光纤的杨氏模量;S 为光纤的截面积。于是,拉力 F 所引起的 Bragg 波长的变化为

$$\Delta \lambda_B = \frac{1}{E} \cdot \frac{F}{S} (1 - P_e) \lambda_B \tag{5.6}$$

根据上述原理,结合液压系统中压力检测的特点,项目拟采用将弹性膜片受压力的形变转换为光纤光栅轴向应变的方式来进行液压系统的压力测试,其结构方案及原理如图 5.1 所示。

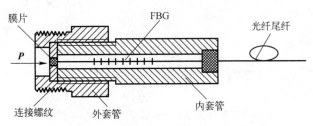

图 5.1 光纤光栅压力传感器结构原理图

根据图 5.1 中的光纤光栅压力传感器的设计方案,采用内、外两组套管进行组合的

结构方式。压力传感器的敏感膜片采用了厚度为 1mm 的 304#不锈钢膜片。封装过程中首先将光纤光栅轴向拉伸后，固定于内套管中心线位置，一端固连弹性膜片，另一端与内套管尾纤输出端。两端均用 353ND 环氧树脂胶黏剂进行粘接固定。待胶黏剂固定后，将外套管安装至内套管上，然后制作光纤 FC 连接头，这样压力传感器安装敏感膜片的一侧为与液压系统检测孔相连的标准螺纹，另一侧为标准的 FC 连接器，便于传感器的现场安装与使用。封装好的光纤光栅压力传感器实物照片如图 5.2 所示。

图 5.2　光纤光栅压力传感器实物

在实际使用中，液压系统中的油液压力可以通过螺纹接头作用到弹性膜片上，使其产生形变，进而导致光纤光栅产生轴向应变，通过测量光纤光栅的中心波长漂移量，即可测算出被测压力。光纤光栅压力传感器的标定，采用压力表校验仪和光纤光栅解调仪，作为压力检测基准的压力表分辨率为 0.1MPa。实验中，压力校验仪从 0MPa 至 30MPa 逐步加压，每隔 1MPa 保持一段时间，记录此时的光纤光栅中心波长值。为了验证压力传感器的重复性，试验中重复进行了三次加载实验。根据光纤光栅的压力传感模型，其中心波长随压力的变化呈线性关系。而实验测试结果也表明，所得数据呈现了较好的线性特征。实验数据如图 5.3 所示。

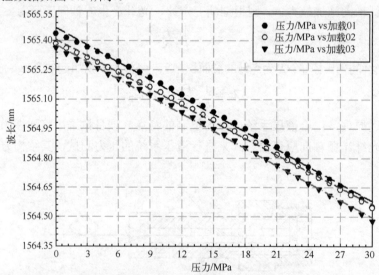

图 5.3　光纤光栅压力传感器实验数据及拟合

利用最小二乘拟合法对上述三组实验数据进行线性拟合，可得它们的拟合曲线方程为

$$\begin{cases} \lambda_1 = 1565.467 - 0.0296P \\ \lambda_2 = 1565.407 - 0.0281P \\ \lambda_3 = 1565.380 - 0.0294P \end{cases} \tag{5.7}$$

上述三组实验数据拟合曲线的斜率也较为接近，其均值约为29pm/MPa，由于光纤光栅解调仪的分辨率为1pm，因此该光纤光栅压力传感器的压力分辨率为0.034MPa。

5.1.2 径向光纤光栅膜片式压力传感原理及实现

1. 基本原理

光纤光栅虽然可以直接敏感外界的压力变化，但其灵敏度较低，不能满足工程实际的测量需要。要实现光纤光栅对压力参数的敏感测量，需通过特定的结构设计，将压力信息转化为光纤光栅可以直接灵敏敏感的物理量[23]。把光纤光栅粘贴在压力圆膜片上是一种比较流行的转化方法。如图5.4所示，圆膜片在压力油液的作用下发生形变，从而带动与膜片固联的光纤光栅发生相应的形变，光纤光栅的中心波长发生偏移，通过测量中心波长的偏移量即可得知油液的压力。

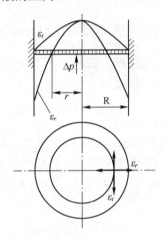

图5.4 平面膜片表面应变分布图

由小挠度平面膜片的应变原理可知，圆形平面膜片在压力差 ΔP 的作用下，低压一侧膜片表面会受到径向应力和切向应力的作用[17]，即存在径向应变 ε_r 和切向应变 ε_t：

$$\begin{cases} \varepsilon_r = \dfrac{3\Delta P}{8t^2 E}(1-v^2)(R^2 - 3r^2) \\ \varepsilon_t = \dfrac{3\Delta P}{8t^2 E}(1-v^2)(R^2 - r^2) \end{cases} \tag{5.8}$$

式中：t 为圆形平面膜片的厚度；E 为材料的弹性模量；v 为泊松比；R 为膜片的半径。由式（5.8）可知，膜片在压力差 ΔP 的作用下，其边缘区域所受径向应力最大，所以在圆形平面膜片的设计过程中，需考虑边缘区域的径向应力值不能超过选用材料的最大允许应力。从式（5.8）中亦可得知，圆形平面膜片表面圆心位置的应变为

$$\varepsilon_r = \varepsilon_t = \frac{3\Delta P}{8t^2 E}(1-v^2)R^2 \tag{5.9}$$

如图 5.5 所示，将光纤光栅沿直径方向粘贴在圆形平面膜片中心位置。由于光纤光栅直径很小，故切向应变可忽略不计，其主要受到径向应变的作用。由于栅区有一定的长度（10mm 左右），因此不同点位所受到的应变大小各不相同，光纤光栅的平均应变可等效表示为

$$\varepsilon = K \frac{3\Delta P}{8t^2 E}(1-v^2)R^2 \tag{5.10}$$

式中：K 为等效系数，其值大小与圆形平面膜片的直径、厚度、选材以及光纤光栅粘接位置有关。

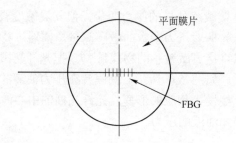

图 5.5　光纤光栅在平面膜片上的粘贴示意图

假设光纤光栅压力传感器使用过程中温度保持不变，即光纤光栅只受圆形平面膜片径向应变的作用，其中心波长的偏移量为

$$\Delta\lambda = K \frac{3}{8t^2 E}(1-v^2)R^2 \cdot (1-P_e)\lambda_B \cdot \Delta P = K_P \cdot \Delta P \tag{5.11}$$

由式（5.11）可知，当圆形平面膜片的直径、厚度、材质确定之后，R、t、E、v 即为定值，对于特定的粘接方式，则对应有固定的 K 值，则压力灵敏系数 K_P 恒定不变。由此可知，中心波长的偏移量 $\Delta\lambda$ 与差压 ΔP 之间呈良好的线性关系。

2．结构实现

如图 5.6 所示，光纤光栅压力传感器主要由上端盖、膜片、基体、管接头、O 形密封圈五部分组成。基体截面为正方形的长方体，由硬铝合金加工而成，下部通过螺纹与管接头连接，利用组合垫圈实现密封；中部打孔贯通上下；上部打有 2mm 高的台阶孔，此处放置 O 形密封圈实现与压力膜片紧密连接。上端盖亦对应的打有 2mm 高的台阶孔，放置密封圈的同时，给压力膜片受压变形提供足够的空间。整个装置通过管接头接入液压油路中，压力油流经基体作用在压力膜片上，基体与上端盖之间通过 4 枚螺钉对膜片进行紧固。

由于圆形压力膜片不易加工、装配，这里选用正方形压力膜片，如图 5.7 所示。膜片上下各自放置有一个 O 形密封圈，一方面对油液进行密封，另一方面压紧膜片，使方形膜片在压力检测过程中工作区域实质为圆形，则其在压力计算中可等效为圆形膜片。

光纤光栅粘贴紧固过程中，首先在沿膜片的直径方向刻划一条细槽，尔后将光纤光栅使用改性环氧树脂胶黏剂按图 5.5 所示的粘贴方式粘贴在膜片上。在压力油液的作用下，膜片将发生形变，带动光纤光栅发生相应的形变，则其中心波长发生偏移，通过解调设备感知光纤光栅中心波长的偏移量，就可以推算出此时油液的压力值。

根据膜片式光纤光栅压力传感器的设计方案，敏感膜片采用厚度为 2 mm 的 304#不锈钢板。封装过程中首先将光纤光栅轴向拉伸后，使用改性环氧树脂胶黏剂将光纤光栅沿径向粘接于膜片的中心区域，将光纤光栅安装于低压一侧，尾纤从膜片与上端盖的间隙中引出，制作光纤 FC 连接头，便于传感器的现场安装与使用。封装好的膜片式光纤光栅压力传感器的实物照片如图 5.8 所示。

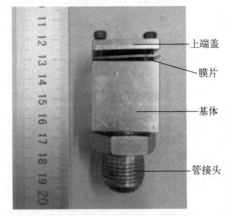

图 5.6　光纤光栅压力传感器

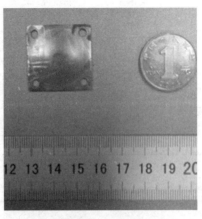

图 5.7　压力膜片

膜片式光纤光栅压力传感器的标定，采用压力表校验仪和光纤光栅解调仪，作为压力检测基准的压力表分辨率为 0.1MPa，光纤光栅压力传感器通过管接头接入压力表校验仪测试接口。实验照片如图 5.9 所示。实验中，压力校验仪从 0MPa 至 25MPa 逐步加压，每隔 1MPa 保持一段时间，记录此时的光纤光栅中心波长值。为验证光纤光栅压力传感器的重复性，重复进行了三次加卸载实验，测试数据如表 5.1 所列。

图 5.8　压力传感器实物图

图 5.9　压力传感器标定实验装置

表 5.1　压力传感实验数据

压力/MPa	第一组加卸载/nm		第二组加卸载/nm		第三组加卸载/nm	
	加载波长	卸载波长	加载波长	卸载波长	加载波长	卸载波长
0	1556.223	1556.171	1556.201	1556.172	1556.142	1556.102
1	1556.256	1556.197	1556.228	1556.194	1556.17	1556.127

（续）

压力/MPa	第一组加卸载/nm		第二组加卸载/nm		第三组加卸载/nm	
	加载波长	卸载波长	加载波长	卸载波长	加载波长	卸载波长
2	1556.29	1556.219	1556.261	1556.217	1556.203	1556.149
3	1556.32	1556.244	1556.291	1556.244	1556.234	1556.173
4	1556.356	1556.275	1556.319	1556.273	1556.264	1556.202
5	1556.384	1556.299	1556.351	1556.299	1556.296	1556.229
6	1556.414	1556.325	1556.38	1556.327	1556.325	1556.254
7	1556.45	1556.357	1556.406	1556.357	1556.355	1556.281
8	1556.479	1556.384	1556.438	1556.383	1556.389	1556.31
9	1556.505	1556.41	1556.468	1556.408	1556.42	1556.336
10	1556.536	1556.442	1556.494	1556.441	1556.448	1556.365
11	1556.566	1556.47	1556.522	1556.472	1556.479	1556.397
12	1556.593	1556.494	1556.552	1556.495	1556.507	1556.421
13	1556.626	1556.525	1556.578	1556.523	1556.535	1556.449
14	1556.656	1556.556	1556.607	1556.557	1556.57	1556.48
15	1556.681	1556.583	1556.637	1556.584	1556.597	1556.508
16	1556.712	1556.615	1556.664	1556.61	1556.623	1556.536
17	1556.739	1556.645	1556.686	1556.645	1556.651	1556.569
18	1556.765	1556.673	1556.718	1556.675	1556.679	1556.597
19	1556.792	1556.705	1556.741	1556.704	1556.704	1556.625
20	1556.819	1556.733	1556.763	1556.736	1556.728	1556.654
21	1556.843	1556.76	1556.789	1556.764	1556.758	1556.683
22	1556.867	1556.792	1556.814	1556.791	1556.781	1556.705
23	1556.892	1556.825	1556.838	1556.828	1556.804	1556.74
24	1556.915	1556.855	1556.861	1556.853	1556.832	1556.77
25	1556.936	1556.881	1556.893	1556.881	1556.862	1556.79

将上述实验数据进行最小二乘拟合，如图5.10所示。

由前述理论可知，光纤光栅中心波长随压力的变化呈线性关系。而实验拟合结果表明，所得数据呈现了较好的线性特征。对上述三组实验数据进行线性拟合，可得它们的拟合曲线方程为

$$\begin{cases} \lambda_1 = 1556.242 + 0.0287P \\ \lambda_2 = 1556.213 + 0.0276P \\ \lambda_3 = 1556.153 - 0.0289P \end{cases} \quad (5.12)$$

上述三组实验数据拟合曲线的斜率较为接近，其均值约为28.4pm/MPa，由于解调仪

的分辨率为 1pm，因此膜片式光纤光栅压力传感器的分辨率为 0.035MPa。

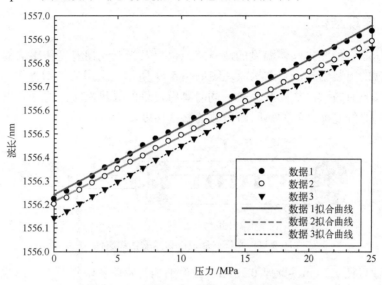

图 5.10 压力传感器实验数据拟合

5.2 光纤光栅毛细钢管式温度传感器

5.2.1 基本原理

裸光纤光栅本身就具有较好的温度特性，但其温度灵敏度较低，而且裸光纤光栅没有涂覆层的保护，极易折断，无法直接应用于工程实际的测量[23-25]。因此使用过程中必须采用一定的结构形式和封装工艺，来满足光纤光栅温度传感器测量精度和使用环境的要求[26]。

如果在光纤光栅封装过程中选用热膨胀系数较大的基底材料对其进行嵌入方式封装，则当温度改变时，封装材料的热膨胀效应带动光纤光栅的栅距发生相应的变化，因此这种封装方式在保护光栅的同时有效地提高了光纤光栅的温度灵敏度[27]。

对于热膨胀系数较大的基底材料，令 B 为热膨胀系数。当外界温度改变时，材料产生的应变与温度的变化量之间的关系为

$$\varepsilon = B\Delta T \tag{5.13}$$

将光纤光栅采用嵌入的方式封装于基底材料中，η 是材料与光栅耦联质量有关的常数，材料热膨胀可带动光纤光栅的栅距发生变化[28]：

$$\varepsilon' = \eta\varepsilon = \eta B\Delta T \tag{5.14}$$

此时，当外界温度发生变化时，光纤光栅受到温度和应变的同时作用，联立式(5.13)、式(5.14)可得，光纤光栅中心波长的偏移量为

$$\Delta\lambda_B = (K_T + \eta B K_\varepsilon)\Delta T \tag{5.15}$$

式中：K_T 为光纤光栅的温度灵敏系数；K_ε 为光纤光栅的应变灵敏度系数。由式(5.15)已知：当封装材料选定之后，η、B 恒定不变，则光纤光栅中心波长的偏移量与温度的变

化量之间呈线性关系，这种封装方式有效提高了光纤光栅的温度灵敏度。

5.2.2 实现结构

根据液压系统检测中阀体温度的测量特点，以及光纤光栅温度传感器的封装要求，采用不锈钢管的封装结构，其结构原理图如图 5.11 所示。选用毛细钢管作为基底材料，主要是由于其具有较大的热膨胀系数，同时具有良好的导热性能，这样可以尽可能降低因被测对象到光纤光栅之间的热阻而导致的温度梯度。

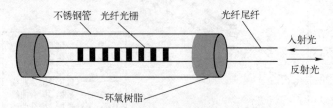

图 5.11 光纤光栅温度传感器结构原理

毛细钢管直径 1.5mm、壁厚 0.2mm。在毛细钢管两侧各削去一半，形成两个细槽，中间留有 20mm 的中空部分，将选好的光纤光栅套入毛细钢管中，光纤光栅的两端用光纤调整架紧固，加载一定的预拉力，并将栅区部分放置于毛细钢管的中空部分，在两侧细槽部分分别用改性环氧树脂胶黏剂进行粘接，注意在粘接过程中防止粘接剂粘在光纤光栅的栅区部分，因为粘接剂为聚合物，其受热后的膨胀系数并非为常数，因此可能导致光纤光栅温度系数线性度降低，造成啁啾。放置 2h，待胶黏剂完全固化之后，从光纤调整架上取下传感器，剪去一侧的尾纤，另外一侧熔接上 FC 插头，如图 5.12 所示。

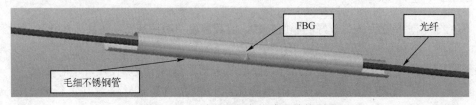

图 5.12 光纤光栅温度传感器结构原理

图 5.13（a）所示为毛细不锈钢管的照片，图 5.13（b）为制作完成的光纤光栅温度传感器照片。

(a) 毛细不锈钢管的照片

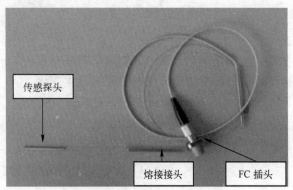

(b) 制作完成的光纤光栅温度传感器照片

图 5.13 光纤光栅温度传感器

5.3 光纤光栅流量传感器

流量作为工业过程测量的重要参量,其在各应用领域中的传感及测量技术也受到广泛重视。液压系统中流量参数的测量,对于系统的工作状况及状态检测具有重要作用。传统的流量测量方法多采用电学类传感器,存在易受现场干扰、存在安全隐患等问题。光纤光栅流量传感器以波长调制的光纤光栅为敏感元件,具有光纤传感的特殊优势,近年来得到了国内外学者的广泛重视,也是近几年发展较快的流量传感技术之一。从光纤光栅的敏感机理可知,光纤光栅直接敏感的参量是温度和压力,而对于流量的测量需要设计精巧的结构,使流量的大小及变化转化为光纤光栅的应变变化。研究人员先后将光纤光栅传感技术与基于节流原理的差压式流量测量技术、基于涡街振动频率的流量测量技术和基于悬臂梁原理的靶式流量测量技术相结合,目前较为成熟的有以差压式、靶式和涡街式光纤光栅流量传感器为代表的新型流量传感器。本节重点介绍差压式和靶式两种结构的光纤光栅流量传感器的原理及其实现结构。

5.3.1 差压式光纤光栅流量传感器

考虑到传统流量的测量方法[29-30],并结合光纤光栅的自身特点,采用差压式流量传感结构。光纤光栅差压流量传感的基本思路如图5.14所示,流体流量信号通过节流装置转化为差压信号,差压信号作用在弹性元件上使弹性元件产生应变,利用光纤光栅敏感元件测量弹性元件应变得到差压大小,进而计算出流量信号。

图5.14 光纤光栅流量传感器结构原理

差压式流量测量的结构原理如图5.15(a)所示。在标准节流元件中,标准喷嘴较标准孔板的测量精度高、压力损失小,不易受被测介质的磨损,使用寿命较长,结构又较文丘里管简单,且体积较小[31]。因此设计中,选择内嵌ISA1932标准喷嘴作为差压式流量传感器的节流元件,其结构示意图如图5.15(b)所示。其中的关键就是光纤光栅差压测量部分,弹性元件拟采用平面膜片感受节流装置前后的压差信号,将光纤光栅粘接在膜片上,利用Bragg波长的偏移检测膜片的形变量,测量出差压大小。光纤光栅差压式流量传感器的结构设计方案如图5.15所示。流体在密封管道内流动,在节流装置前后产生压力差,流量信号转化为差压信号[32]。差压信号通过引压导管及隔离膜片、填充液传递到测量膜片上,差压使得膜片变形产生应变。在膜片低压一侧表面粘接光纤光栅,检测膜片应变。

为使节流口产生的压差与流量之间的关系更易计算,减少复杂的标定工作,节流口拟采用ISA1932标准喷嘴,这样流体的流量Q_v与经过节流口后两侧产生的压力差ΔP之间的关系为

$$Q_v = \frac{A_0}{\sqrt{1-\beta^4}}\sqrt{\frac{2}{\rho}\Delta P} \tag{5.16}$$

式中:β为喷嘴的直径比;ρ为流体密度;A_0为喷嘴的面积。这三个参数当喷嘴及工作介

质选定时均为常量,因此流量与差压信号之间存在确定的数学关系。

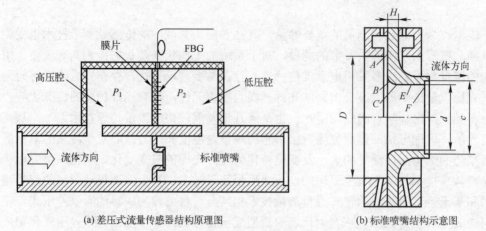

(a) 差压式流量传感器结构原理图　　(b) 标准喷嘴结构示意图

图 5.15　光纤光栅差压式流量传感器结构原理及标准喷嘴结构示意图

根据小挠度平面膜片的应变原理[33],圆形膜片两侧存在压差 ΔP 时,低压一侧表面每一点都会受到一个径向应力和切向应力,进而产生径向应变 ε_r 和切向应变 ε_t。根据应力和应变之间的关系式（5.8）,可以计算得到 ε_r 和 ε_t。

根据图 5.4 中平面膜片在差压作用下的应变分布图可见,膜片受到差压作用时,膜片边缘处的径向应力最大。在设计膜片时,此处的应力不能超过膜片材料的最大允许应力。

由式（5.8）以及应变分布图 5.4,可以得到平面膜片表面中心位置的应变值:

$$\varepsilon_r = \varepsilon_t = \frac{3\Delta p}{8t^2 E}(1-\nu^2)R^2 \qquad (5.17)$$

式中：t 为膜片厚度；E 为膜片材料的弹性模量；ν 为泊松比；R 为膜片的半径。光纤光栅的粘接处为一段不到 2 cm 的裸光纤,易断裂,不宜有过大的弯曲。根据上述平面膜片的应变分布规律,可将传感光纤光栅沿直径方向粘接在膜片中心附近,如图 5.16 所示。

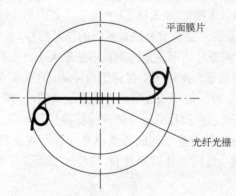

图 5.16　光纤光栅在平面膜片上的粘接示意

该结构设计,使传感光纤光栅主要受到膜片表面径向应变的作用。由于敏感元件光纤光栅有一定的长度（通常不超过20mm）,由式（5.8）可知,光纤光栅各点受到的应变不相同，因此，光纤光栅所受到的平均应变可由下式等效表示：

$$\varepsilon = K\frac{3\Delta P}{8t^2 E}(1-\nu^2)R^2 \tag{5.18}$$

式中：K 为系数，其值与膜片尺寸、光纤光栅粘接位置有关。

假设传感器使用过程中温度不变，即光纤光栅只受平面膜片应变的作用，而光纤光栅在应变 ε 的作用下，Bragg 波长的偏移量为

$$\Delta\lambda = K\frac{3}{8t^2 E}(1-\nu^2)R^2 \cdot (1-P_e)\lambda_B \cdot \Delta P \tag{5.19}$$

该式即为光纤光栅差压传感器的特性方程，可以看出，Bragg 波长的偏移量 $\Delta\lambda$ 与差压 ΔP 之间呈线性关系。如果膜片的材料、尺寸确定，就可以估算出光纤光栅差压传感器的一些理论特性。

考虑到采用 ISA1932 标准节流口的差压式结构，以及流体的流量 Q_v 与经过节流口后两侧产生的压力差 ΔP 之间的关系式（5.16），与式（5.19）联立得

$$\Delta\lambda = K\frac{3\rho(1-\nu^2) \cdot (1-P_e)(1-\beta^4) \cdot R^2 \cdot \lambda_B}{16t^2 E A_0^2}Q_v^2 \tag{5.20}$$

上式即为利用标准喷嘴的差压式流量结构以及以平面膜片作为差压敏感元件所得的光纤光栅波长漂移量 $\Delta\lambda$ 与流量 Q_v 之间的关系表达式。

根据前述差压式光纤光栅流量传感器的设计方案，在制作光纤光栅流量传感器时，将 ISA1932 标准喷嘴内嵌于流量传感器的主阀体中作为节流口。平面膜片选择厚度为 1mm，直径为 30mm 的 304#不锈钢材料，并在其直径方向刻槽，采用 353ND 环氧树脂将光纤光栅粘接在平面膜片上，按照图 5.17 进行装配，即可完成光纤光栅差压式流量传感器的制作，如图 5.17 所示。

图 5.17　压差式光纤光栅流量传感器实物照片

为检验光纤光栅差压式流量传感器中平面膜片与光纤光栅粘接后的敏感特性，考虑采用利用压力表校验仪来实现光纤光栅流量传感器的静压力测试。实验中直接从流量传感器的进油腔加入一定压力的液压油，并同时记录光纤光栅中心反射波长的变化值，实验结果如图 5.18 中所示。

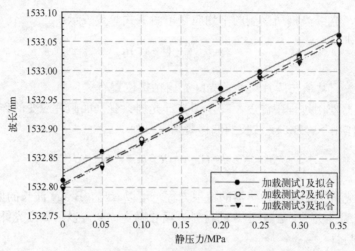

图 5.18　差压式光纤光栅流量传感器静压实验

为了验证差压式光纤光栅流量传感器的重复性，试验中重复进行了三次加载实验。根据式（5.19）可知，光纤光栅中心波长的偏移量 $\Delta\lambda$ 与作用在平面膜片上的差压 ΔP 之间呈线性关系。而实验测试结果也表明，所得数据呈现了较好的线性特征。于是利用最小二乘拟合法对上述三组实验数据进行线性拟合，可得它们的拟合曲线方程为

$$\begin{cases} \lambda_1 = 1532.824 + 0.694P \\ \lambda_2 = 1532.8061 + 0.723P \\ \lambda_3 = 1532.8027 + 0.719P \end{cases} \quad (5.21)$$

上述三组实验数据拟合曲线的斜率也较为接近，其均值约为 712pm/MPa，由于光纤光栅解调仪的分辨率为 1pm，因此该光纤光栅压力传感器的压力分辨率为 1.404kPa。

为了验证差压式光纤光栅流量传感器的动态特性，利用液压综合试验台来测试该传感器的动态流量特性，通过管接头将流量传感器与试验台的进出油口进行连接，构成液压回路。系统中的溢流阀用于调定系统工作的最高压力，起保护作用。节流阀则串联于光纤光栅流量传感器的前端，用于实现液压系统流量大小的调节。液压系统实验的原理如图 5.19 所示。

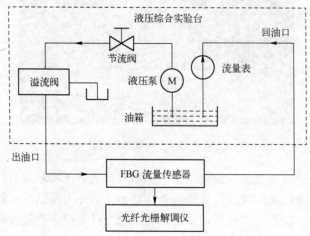

图 5.19　FBG 流量传感器动态特性实验原理

实验中，通过逐步调节液压综合实验台中节流阀的开口大小，实现改变流量大小的调节，同时记录流量表的示值和光纤光栅流量传感器的波长变化。经对所测数据进行处理，可得差压式光纤光栅流量传感器的波长随着流量的变化趋势，实验数据及处理结果如图 5.20 所示。

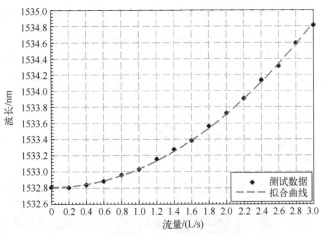

图 5.20　差压式光纤光栅流量传感器动态实验

根据前述理论可知，传感器的波长变化与被测流量的平方成正比，而上图测试数据明显呈二次函数规律，利用最小二乘拟合法对实验测试数据进行拟合，可得拟合曲线方程为

$$\lambda_B = 1532.811 + 0.226 Q_v^2 \tag{5.22}$$

拟合曲线印证了传感器的波长变化与流量的平方成正比的关系，系数为 $0.226\ \mathrm{nm/(L/s)^2}$，解调仪的分辨率为 1 pm，则该传感器的流量分辨率为 0.067 L/s。

5.3.2　靶式光纤光栅流量传感器

由于光纤光栅直接敏感的物理量主要为温度和应变，因此要对流量参数进行测量，需通过必要的结构设计，采用靶式流量测量的结构[34-36]，也可以把流量参数转换为光纤光栅可直接敏感到的应变参数，其结构原理如图 5.21 所示。

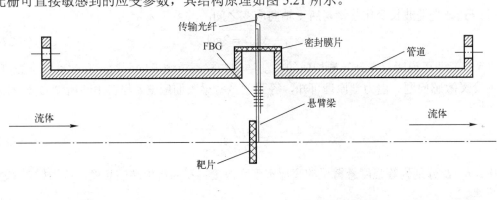

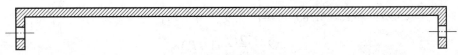

图 5.21　靶式流量传感原理图

在流体管道中轴线位置安装一个圆形的流阻靶片，圆形靶片的法线与管道中轴线重合，则圆形靶片与管道之间形成了一个环状通流孔隙。靶片固定在一个等强度悬臂梁上，从而把靶片所受到的流体冲击力转换为作用在等强度悬臂梁上的应变，进而传递给敏感元件。

当流体冲击靶片时，圆形靶片所受的冲击力由三部分组成：流体动压力、流体静压力（压力差）和黏滞摩擦力。当流体流量较大时，流体动压力和静压力起主要作用。设流体密度为 ρ，靶片面积为 A_1，局部阻力系数 ζ。流体在圆形靶片前侧的平均流速为 v_0，压力为 p_0；通过靶片与管道环形孔隙时的平均流速为 v，压力为 p，由伯努利方程推导得出[37]

$$A_1(p_0 - p) + A_1 \left(\frac{pv_0^2}{2} - \frac{pv^2}{2} \right) = \frac{1}{2}\rho\zeta v^2 A_1 \tag{5.23}$$

式中：$A_1(p_0 - p)$ 为流体作用在靶上的静压力，记为 F_1；$A_1 \left(\frac{pv_0^2}{2} - \frac{pv^2}{2} \right)$ 为作用在靶上的动压力，记为 F_2；作用在靶片上的合力为 $F = F_1 + F_2$，则流体流速与靶片所受流体冲击力之间的关系为

$$F = \frac{1}{2}\rho\zeta v^2 A_1 \tag{5.24}$$

流体流动对靶片的冲击力作用到悬臂梁上，对称粘接在等强度悬臂梁两侧中心轴线上的光纤光栅将发生形变，从而使其中心波长发生相应的偏移。迎着流体方向粘接的光纤光栅的中心波长将增大，背向流体方向粘接的光纤光栅的中心波长将减小，其偏移量大小相等。由于两个光纤光栅处在同一温度场中，温度变化引起的波长偏移量相等，因此两个光纤光栅波长的变化量分别表示为[38]

$$\Delta\lambda_{B1} / \lambda_B = (1 - P_e)\varepsilon + (\xi + \alpha)\Delta T \tag{5.25}$$

$$\Delta\lambda_{B2} / \lambda_B = -(1 - P_e)\varepsilon + (\xi + \alpha)\Delta T \tag{5.26}$$

双光纤光栅波长变化总量与所受轴向应变之间的关系可表示为

$$\Delta\lambda = \Delta\lambda_{B1} - \Delta\lambda_{B2} = 2\varepsilon(1 - P_e)\lambda_B \tag{5.27}$$

式（5.27）即可说明双光纤光栅构成的差动结构在提高灵敏度的同时，有效克服了温度-应变交叉敏感问题。由力学原理可知，等强度悬臂梁表面应变 ε 与自由端所受力 F 的关系为[39]

$$\varepsilon = \frac{6FL}{Ebh^2} \tag{5.28}$$

式中：b、h 分别为等强度悬臂梁的底部宽度和厚度；L 为自由端的长度；E 为材料的弹性模量。

联立式（5.27）和式（5.28）可得波长变化总量与自由端加载力 F 之间的关系为

$$\Delta\lambda = \frac{12FL}{Ebh^2}(1 - P_e)\lambda_B \tag{5.29}$$

假定管道中油液为不可压缩流体，根据流体总流的连续性方程，假设 A_2 为管道内径 D 和靶径 d 之间的环隙面积，则联立式（5.24）、式（5.28）和式（5.29）可得流过 A_2 的流量为

$$Q = A_2 v = (D^2 - d^2)\sqrt{\frac{\pi b h^2 E}{24\lambda_B(1-P_\varepsilon)L\zeta\rho d^2}} \cdot \sqrt{\Delta\lambda} \qquad (5.30)$$

其中，$A_2=(D^2-d^2)\pi/4$，令系数 $K_Q = (D^2 - d^2)\sqrt{\dfrac{\pi b h^2 E}{24\lambda_B(1-P_\varepsilon)L\zeta\rho d^2}}$，则有

$$Q = K_Q \cdot \sqrt{\Delta\lambda} \text{ 或 } \Delta\lambda = \frac{1}{K_Q^2}Q^2 \qquad (5.31)$$

对于典型的石英光纤，$P_e=0.22$；悬臂梁尺寸及靶片尺寸确定后，b、h、L、E 均为常数；对于特定流体，ρ、ζ 为定值。由式（5.31）知，流体流量的大小与光纤光栅波长偏移量的平方根成正比，或者说光纤光栅波长偏移量与流量的平方成正比。

传统的靶式流量计一般采用电阻应变片敏感靶片所受流体冲击力后所产生的形变，故其电气器件决定了其敏感部分必须同所测量介质隔离开，这在给流量计的加工、装卸、密封造成很大难度的同时，也使靶片所受冲击力必须通过相应的传力杆件才能实现功能。为充分利用光纤光栅的优良特性，省去了传力机构，将圆形靶片和等强度悬臂梁有机融为一体，大大简化了结构设计的复杂程度。如图 5.22 所示，光纤光栅靶式传感器主要由阀体、凸台、端盖、一体式靶片四部分组成。阀体、凸台、端盖由硬铝合金加工而成，一体式靶片利用线切割的方法进行整体加工，安装过程中须保证阻流靶片的圆心与测量管道的轴线重合，并保证阻流靶片与流体流速的方向垂直，这主要依靠凸台部分的凹槽来实现；阀体与凸台、端盖与凸台之间利用 O 形密封圈进行面密封，通过螺钉来实现密封端盖的紧固；两个中心波长一致的光纤光栅对称粘接于悬臂梁两侧的中心轴线位置，形成差动结构。通过被测流体对阻流靶片的冲击力，带动悬臂梁及粘接在其两侧的光纤光栅产生形变，从而根据中心反射波长的偏移量，实现对被测流体流量大小的测量。

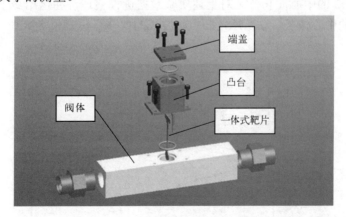

图 5.22 一体式靶式流量计结构组成

为了进一步验证光纤光栅一体式靶式流量传感器的传感特性，搭建液压回路实验原理如图 5.23 所示。移动油源装置主要由液压泵和油箱组成，为整个系统供油；一体式靶

式流量传感器接入液压油路中,在其上游串联一个涡轮流量计,作为流量测量的标准,通过节流阀调节回路中流量的大小。涡轮流量计的量程范围为 0.5~10m³/h(0.14~2.78L/s),测量精度为 1.0 级,公称通径为 10mm,压力极限为 25MPa。在连接过程中注意:按照靶式流量计的要求,靶片前后两侧分别要有 $8D$、$5D$ 的直管道;按涡轮流量计的要求,前后两侧分别有 $20D$、$5D$ 的直管道;涡轮流量计只能单向通过,安装使用时油液流向要正确。

在流量测试液压回路中,油液由油泵泵出,经过溢流阀、节流阀后进入流量检测设备,流经涡轮流量计、光纤光栅一体式靶式流量传感器之后回到油箱。靶式流量传感器通过管接头串联在回路中,光纤引线接入光纤光栅解调设备。实验照片如图 5.23 所示。

图 5.23 光纤光栅靶式流量传感器测试系统实验照片

接通测试油路及传感光路,启动油源,在解调设备中读取此时一对 FBG 的中心波长值,作为流量为 0L/s 时的实验数据。而后启动油源,调节节流阀开口大小使得测试回路中流量逐步增大,每隔 0.2L/s,待系统稳定之后分别记录下光纤光栅靶式流量传感器 FBG1、FBG2 的中心波长值。对上述实验数据进行整理,并运用最小二乘法分别对 FBG1、FBG2 的中心波长、双光纤光栅中心波长的偏移量进行拟合处理,结果如图 5.24 所示。

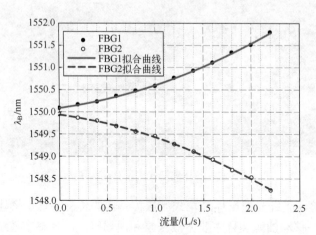

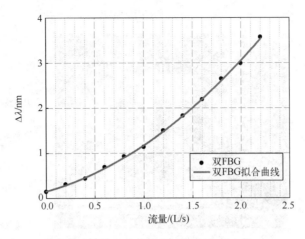

图 5.24 流量传感器实验数据拟合

根据前文理论，一体式靶式流量传感器中 FBG 中心波长的偏移量与流量的平方成正比，而图 5.25 中测试数据明显呈二次曲线规律，拟合曲线方程为

$$\begin{cases} \lambda_{B1} = 1550.087 + 0.213Q^2 \\ \lambda_{B2} = 1549.938 + 0.216Q^2 \\ \Delta\lambda_B = 0.1419 + 0.423Q^2 \end{cases} \quad (5.32)$$

拟合曲线印证了传感器的中心波长偏移量与流量的平方之间成正比关系，双 FBG 中心波长偏移总量是单个 FBG 偏移量的 2 倍，相应地，双 FBG 构成的差动结构使流量传感灵敏度翻倍。由二次项系数为 $0.423 \text{nm}/(\text{L/s})^2$、解调仪的分辨率为 1pm，可知该光纤光栅一体式靶式流量传感器的分辨率为 0.049L/s。

5.4 多功能光纤光栅复合流量传感器

基于光纤光栅的液压系统复合流量传感技术，充分利用光纤光栅灵敏度高、质轻防爆、集传感传输于一体、易于复用和构成传感网络等特点，通过特殊的结构设计及封装技术，可实现液压系统流量、压力、温度等参数的同时测量[40]；并且具有结构简单紧凑、系统成本较低的优点，尤其满足易燃易爆、强电磁辐射等恶劣环境的使用要求，在工业现场和特种设备的传感测量中均具有重要现实意义和应用价值。

5.4.1 多功能差压式光纤光栅流量传感器

为了将上述液压系统中的温度、压力和流量传感器有机融合为一体，考虑以差压式光纤光栅流量计为主体，以其进油口压力作为压力检测对象，增加流量传感器主阀体的温度测量，从而用于液压系统工作中的温度监测，还可以作为压力和流量传感检测温度补偿的参考。最终制作的光纤光栅多参量复合传感器的实物照片如图 5.25 所示。

在使用上述光纤光栅多参量复合传感器时，将其串接在液压系统的管路中，注意传感器的进油口和出油口不能接反。这样通过该光纤光栅复合传感器就可以同时获取液压系统被测管路中的压力、温度和流量三个参数，简化了传统液压系统检测中多个传感器的安装，提高了测试效率及测量精度。

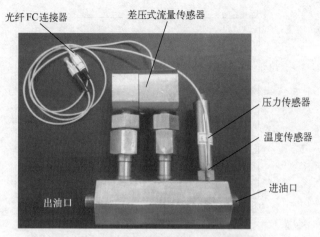

图 5.25 光纤光栅多参量复合传感器实物

5.4.2 多功能靶式光纤光栅流量传感器

前面介绍了一体式靶式光纤光栅流量传感器、膜片式光纤光栅压力传感器、毛细钢管式光纤光栅温度传感器的传感原理和实现结构。在此基础上,本节结合液压检测系统的实际需求与材料的特性,设计实现了光纤光栅多功能靶式流量传感器。光纤光栅多功能靶式流量传感器以一体式靶式流量传感器为基础,在其上加装压力检测模块和温度传感器,压力检测模块与前面设计的膜片式压力传感器类似,温度传感器是将前文设计的毛细钢管式温度传感器通过螺纹结构安装在夹板上。图 5.26 所示为光纤光栅多功能靶式流量传感器的三维结构模型,其中图 5.26(a)为整装图,图 5.26(b)为分解图。

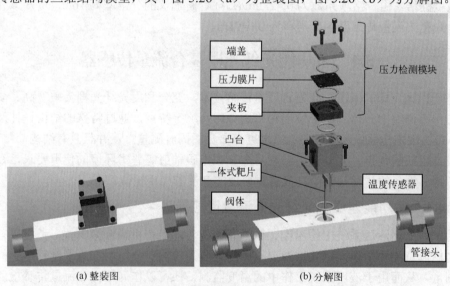

图 5.26 光纤光栅多功能靶式流量传感器结构模型

光纤光栅多功能靶式流量传感器主要由以下 7 个部分组成:

(1)阀体:流量传感器的基本部分,也是整个多功能传感器的基础部分,两侧通过管接头与液压回路相连接。

（2）一体式靶片：将圆形流阻靶片与等强度悬臂梁合二为一，由一块板材线切割加工而成；一对中心波长一致的光纤光栅对称粘贴于等强度悬臂梁两侧的中轴线上，实现把油液的冲击力转化为光纤光栅中心波长的变化。

（3）凸台：通过螺钉与阀体紧固连接，其与阀体之间通过O形密封圈实现油液密封，凸台内部中空，内表面顶部开有细槽，用于安装固定一体式靶片。

（4）夹板：流量检测模块与压力检测模块的中间元件，与凸台之间通过O形密封圈实现油液密封；中部开有通孔，用以将油液引入压力检测模块；光纤光栅温度传感器安装紧固在夹板之上。

（5）压力膜片：光纤光栅粘贴于膜片径向中心位置，将油液压力值转化为光纤光栅中心波长的变化，与端盖和夹板通过螺钉紧密连接，其有效工作面积为圆形。

（6）端盖：通过O形密封圈压紧压力膜片，通过螺钉把压力膜片、夹板紧固在凸台上。

（7）温度传感器：毛细钢管结构，粘贴固定于一个空心螺钉内，整体安装于夹板上的螺孔内。

由前面的分析可知，靶式流量传感器灵敏度的高低、性能的好坏，关键取决于一体式靶片的结构设计是否得当，其设计原则如下：

（1）管径比的选用要适中，要兼顾灵敏度和压力损失。

（2）等强度悬臂梁的尺寸要考虑到传感器的测量范围，并在量程范围内满足精度要求。

在选择管径比时，由前述理论分析可知，靶片直径越大，则所受冲击力越大，灵敏度也相应地越高，但同时造成的压力损失也越大，对流体流动状态点影响越明显。利用FLUENT软件对不同管径比进行仿真实验，在阀体管径选用16mm时，靶片直径分别选为8mm、10mm、12mm，其入口、出口的静压差如图5.27所示。

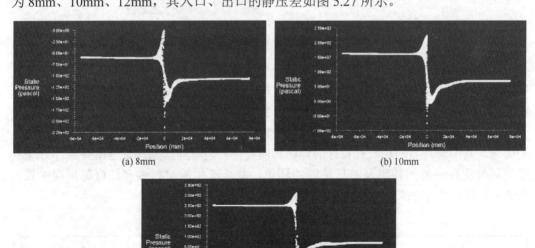

图5.27 不同管径比的静压差仿真实验结果

由图5.27可知，在管道直径一定时，随着靶片直径的增加，静压差逐渐增大，即流体通过一体式靶式传感器的压力损失增大。因此，管径比的选取要兼顾灵敏度和压力损失，这里结合实际应用，选用靶片直径为10mm。

流量传感器量程的设计范围为0～2L/s，选用阀体管径$D=16$mm，靶片直径$d=10$mm，则得出流体流经管道与靶片之间空隙的流速范围为0～16.3m/s，由公式可以计算出流体对一体式靶片冲击力的范围，一体式靶片的设计过程中要在满足强度要求的前提下，尽可能提高测量精度。

综合以上因素，设计出的一体式靶片如图5.28所示。其中图5.28（a）为加工图纸，图5.28（b）为实物照片。一体式靶片材质为304#不锈钢，厚度为1mm，等强度悬臂梁长 $l=40$mm，底部宽度 $b=5$mm，圆形靶片直径 $d=10$mm，圆形靶片圆心与等强度悬臂梁顶点重合。靶片上方长方形区域长18mm、宽5mm，在安装过程中，其卡在凸台的细槽中，以实现一体式靶片的紧固，并保证靶片平面与流体流动方向垂直。

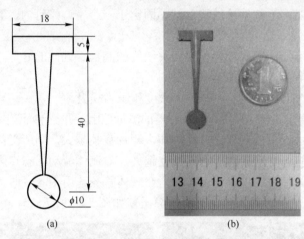

图5.28 一体式靶片结构及实物照片

在传感器的设计过程中，材料选取是一个非常关键的步骤，其在很大程度上决定了传感器的参数性能。因此在传感器的制作过程中，需要综合考虑传感器的传感特性受结构尺寸、材料的参数以及制作工艺水平产生的影响[41]。

为保证弹性元件有足够的精确度、稳定性和可靠性，对弹性元件的特性有较为严格的要求，其中最重要的是要有良好的弹性和回复性，同时亦必须满足强度要求；另外由于光纤光栅传感器的特点及液压检测的环境，要求选用的材料要有较好的耐腐蚀性。表5.2中列举了几种常用材料的性能特征。

表5.2 常见材料的性能特征

名称	弹性模量/GPa	屈服强度/MPa	线膨胀系数
45#钢	200	360	11
铸钢	175	350	—
铍青铜	131	1250	16.6
304#不锈钢	194	205	17.3
硬铝合金	72	280	23
碳钢	206	335～410	12

一般情况下，合金钢适用于做精度较高的弹性元件，但不易于加工；304#不锈钢弹性模量较大，屈服强度较高，膨胀系数较小，耐腐蚀，但密度较大；硬铝合金强度高，密度小，是传感器非弹性元件的理想材料。综合考虑各种材料的性能与材料的易取性以及良好的加工性能，一体式靶片及压力膜片的材质采用304#不锈钢。光纤光栅多功能流量传感器中的阀体、凸台、夹板、端盖的材质选用硬铝合金。加工出的多功能传感器的实物照片如图5.29所示。

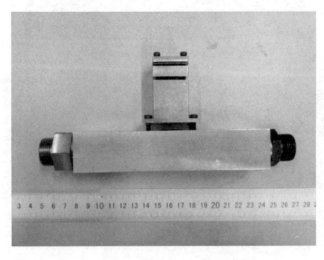

图 5.29　光纤光栅多功能靶式流量传感器实物照片

5.5　轴向柱塞泵的光纤光栅振动频率检测技术

在液压系统中，轴向柱塞泵是其主要振动源之一，也是液压系统重要动力元件，其工作状况将很大程度上影响液压系统性能[42]。采用模态分析，能够达到深入研究轴向柱塞泵壳体振动特性的目的，进而分析轴向柱塞泵的各阶模态振型，即可找出振动最明显的位置作为振动频率测试位置，进而对轴向柱塞泵进行振动频率监测，以及根据轴向柱塞泵工作时的异常振动频率进行故障诊断。

5.5.1　轴向柱塞泵建模及模态分析

本节主要针对斜轴式轴向柱塞泵进行分析，根据实物（图 5.30）形状及尺寸，利用 SolidWorks 软件，构建斜轴式轴向柱塞泵壳体立体简化模型（图 5.31），然后把模型导入 ANSYS Workbench 的 Geomtry 几何分析模块中。

利用该分析软件进行分析时，将简化模型进行网格划分处理。另外，网格划分质量将在很大程度上影响计算结果的精度，因此，为确保网格划分以及计算效率达到较好的效果，选取四面体网格划分方式；同时在确保计算精度前提下，为进一步加快计算的时间，改善网格划分，在建立模型时进行了一定的模型简化，忽略了螺纹以及小孔等对壳体的振动特性产生较小影响的特征，进而建立了轴向柱塞泵有限元分析模型，如图 5.32 所示。

图 5.30 斜轴式轴向柱塞泵实物照片

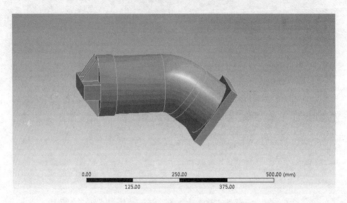

图 5.31 斜轴式轴向柱塞泵壳体立体简化模型

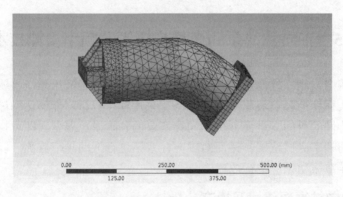

图 5.32 斜轴式轴向柱塞泵有限元分析模型

模态分析方法作为分析机构动力特征的手段之一,属于系统辨别法的工程应用。模态属于机构固有振动特性,其有着特定模态振型、阻尼比以及固有频率等模态参数。模态分析就是根据实验分析或者计算求解此类模态参数的分析过程[43]。

振动模态能够描述弹性结构整体固有特性。若能够利用模态分析得出机构在各阶的模态特性,那么就能够进一步地预测机构实际中的振动情况。所以,模态分析是分析机构实际振动的重要方法之一,也是结构设计和故障诊断的有效途径。

该轴向柱塞泵的安装方式是与电机以及钟形罩相互连接固定的方式,所以把固支约束设置在泵壳的前端(即右端面),而后对泵体模型进行模态分析。根据振动模态的有关理论能够得出,结构振动中低阶模态发挥着比较重要的作用,而高阶模态的作用不大,如图 5.33 所示，因此仅分析前 10 阶模态。

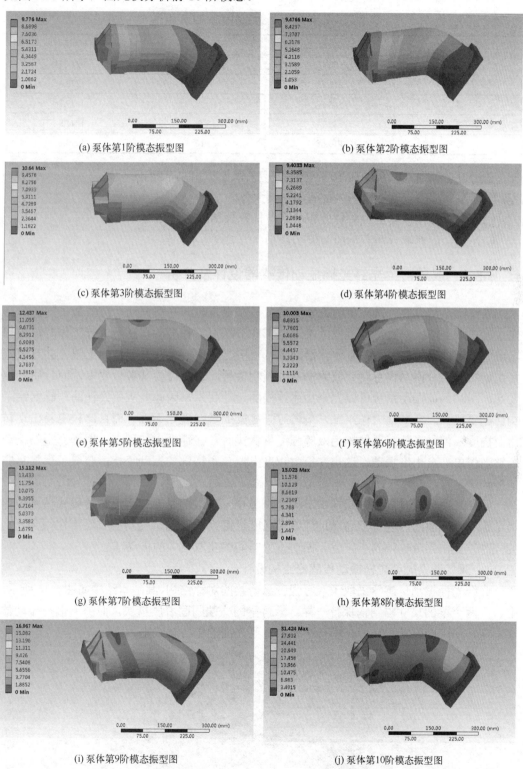

(a) 泵体第1阶模态振型图
(b) 泵体第2阶模态振型图
(c) 泵体第3阶模态振型图
(d) 泵体第4阶模态振型图
(e) 泵体第5阶模态振型图
(f) 泵体第6阶模态振型图
(g) 泵体第7阶模态振型图
(h) 泵体第8阶模态振型图
(i) 泵体第9阶模态振型图
(j) 泵体第10阶模态振型图

图 5.33 泵体前 10 阶模态振型图

表 5.3 所列为前 10 阶模态固有频率。

表 5.3 壳体模态分析前 10 阶固有频率

阶数	固有频率/Hz	阶数	固有频率/Hz
1	162.41	6	691.27
2	212.73	7	1278.3
3	545.67	8	1339.7
4	589.74	9	1411.9
5	913.68	10	1513.8

分析以上轴向柱塞泵的前 10 阶模态振型，能够得出以下结论：
（1）泵体振动较剧烈区域为柱塞泵左侧泵体。
（2）泵体总体振动呈现对称分布，这与柱塞泵结构的对称性一致。
（3）泵壳的前端（即右端面）振动最小。

5.5.2 双悬臂梁光纤光栅振动传感器设计及分析

悬臂梁是最直接、最简单的振动结构之一，也是光纤光栅振动传感器最早的基本结构。其基本工作原理及传感模型已在 2.6 节中介绍过。在振动传感器进行工作时，要想测出更多振动信号，就要拓宽传感器的频带范围，也就要提升其测量的上限，并且降低其测量的下限。振动传感器获取的一系列振动信号，通常需要其数量要多，而且质量也要好，同时保证振动信号可以完全描述结构的运动状态，因此要求所设计的传感器抗干扰性能要很强。在惯性力作用下，单臂等强度梁的抗扭能力不强，而且比较容易出现转角及挠度。但是当传感器结构为双等强度悬臂梁时，在惯性力作用下，振子产生的振动能够当作单一自由度振动，这也在很大程度上避免了横向的振动干扰，获取了更加真实的振动信号[44]。

因此，在针对轴向柱塞泵的振动频率测量中，采取的是双等强度悬臂梁式结构。此类结构等效截面的厚度等于同样尺寸单等强度悬臂梁的 2 倍，使得固有频率在得到提高的同时，工作频带也得到了拓宽，振动传感器能够获取更多的振动信息。

1. 双悬臂梁光纤光栅振动传感器结构设计

光纤光栅振动传感器采取了双等强度悬臂梁的对称结构，其基本结构如图 5.34 所示，上、下两个梁的尺寸与结构保持一样。悬臂梁的一端固联着质量块，而另一端与振动体相固定。使用胶黏剂把光纤光栅粘接在悬臂梁表面的中心轴线上。

图 5.34 双悬臂梁传感器结构示意图

在传感器的设计过程中，材料的选取也是至关重要的，能够在很大程度上影响传感器相关参数性能，所以有必要全面考虑振动传感器的材料相关参数、结构尺寸和制作工艺水平对其传感特性造成的影响[45]。为确保弹性元件的可靠性、稳定性以及精确度都比较高，对于弹性元件特性要求必须相当严格，最为主要的条件是要达到一定的强度要求，以及较好的弹性与回复性。与此同时，鉴于光纤光栅振动传感器特点和检测时环境复杂程度，采用材料的耐腐蚀性必须要做到足够好。

通常情况下，硬铝合金的密度较小，而且强度较高，比较适合制作生产非弹性元件；304#不锈钢耐腐蚀，膨胀系数小，屈服强度高，弹性模量大；合金钢比较适合生产高精度弹性元件，然而加工较难。系统分析以上几种材料的性能属性和加工难易程度以及材料的易获取性，将304#不锈钢作为本书传感器的材质。并且在分析传感器设计的灵敏度以及固有频率后，设计该振动传感器的具体结构尺寸，图5.35所示为该传感器的尺寸示意。

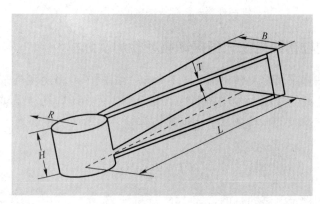

图5.35 双悬臂梁振动传感器尺寸示意

该传感器具体结构参数如表5.4所列。

表5.4 双悬臂梁传感器结构参数

序 号	参数名称	数 值	单 位
1	悬臂梁宽度 B	20	mm
2	悬臂梁厚度 T	1	mm
3	质量块半径 R	7.5	mm
4	质量块高度 H	12	mm
5	悬臂梁长度 L	64	mm
6	弹性模量 E	194	GPa

轴向柱塞泵中，活塞通常在泵体的轴向上来回运动，由5.1节中的模态分析可知，轴向柱塞泵左侧泵体的振动最强烈。在柱塞泵出现异常故障时，振动频率将发生变化，左侧泵体位置更有利于对异常故障的敏感，能够更好地进行故障诊断。另外在实际设备中，轴向柱塞泵泵体端面通常会被其他结构部件遮挡，同时泵体端面面积通常比较小且不规则，也不便于安装传感器，而泵体侧面部位通常存在较大区域来固定传感器，因此将振动频率

传感器固定在柱塞泵左侧泵体侧面中心位置处以及左侧泵体端面边缘处较为合适。

因此在实际测试中,光纤光栅振动传感器的具体安装位置如图 5.36 所示。其中图 5.36(a)为传感器固定在左侧泵体侧面中心位置,图 5.36(b)为传感器固定在左侧泵体端面边缘位置。

图 5.36 轴向柱塞泵振动传感点位及传感器布设照片

5.5.3 轴向柱塞泵光纤光栅振动频率检测及分析

斜轴式轴向柱塞泵属于旋转机械,其在运转的过程中,将出现机械振动,其位于变量机构以及斜盘位置的液压力呈现周期性改变,泵体会出现周期性振动,然后将导致泵整体的振动[46]。柱塞泵的振动频率 f 同泵的柱塞数 Z 以及电机的转速 n 有直接关系,具体函数关系为

$$f = \frac{n \cdot Z}{60} \tag{5.33}$$

为进一步达到稳定测试的目的,在 14MPa 的压强下,控制电机以 1500r/min 的转速运转,然后调整电机转速,对柱塞泵进行频率测试实验。

如图 5.37 所示为搭建的基于光纤光栅振动传感器的斜轴式轴向柱塞泵频率检测系统,将光纤光栅振动频率传感器粘贴于斜轴式轴向柱塞泵左侧泵体侧面中心位置处,并将其接入光纤光栅解调设备。

图 5.37 左侧泵体侧面中心位置频率检测实验

启动液压系统，打开解调设备后，采集数据，通过基于 LabVIEW 的光纤光栅解调信号处理系统得出的结果如图 5.38 所示。

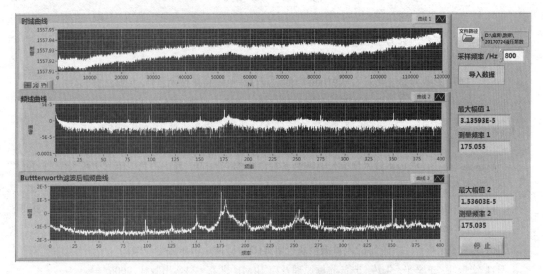

图 5.38　左侧泵体侧面中心位置的频率测量结果

从如图 5.38 所示的数据中，可以得出柱塞泵以 1500 r/min 的转速工作时，其振动频率为 175.035Hz。从时域曲线中可以看出，光纤光栅中心波长随时间而略微增大，这是由于随着柱塞泵的运转，泵侧面区域温度有所升高，由于光纤光栅的温度敏感特性，致使其中心波长略微增大，但这并不影响时域曲线中所包含的频率信息，即时域曲线经过傅里叶变换及滤波后求得的频率值大小。将采样点位改为左侧泵体端面边缘处时，得出振动频率为 174.975Hz。

改变柱塞泵电机的转速，分别记录在 1500r/min、1200r/min、900r/min 和 600r/min 转速状态下，在不同点位采样时，光纤光栅振动频率传感器测量频率值，如表 5.5 所列，f_1 表示 FBG 振动频率传感器在柱塞泵左侧泵体侧面中心位置时的频率测量值，f_2 表示光纤光栅振动频率传感器在柱塞泵左侧泵体端面边缘位置时的频率测量值。

表 5.5　光纤光栅振动频率实测值与理论值

转速/（r/min）	峰值频率理论值/Hz	f_1/Hz	f_2/Hz
1500	175	175.035	174.975
1200	140	140.187	140.093
900	105	104.928	105.098
600	70	70.024	70.013

从表 5.5 中可以看出，利用双等强度梁结构设计的光纤光栅振动传感器，在柱塞泵工作的不同转速下测得振动频率理论值与实验测试结果吻合较好。实验结果证明了基于双等强度梁结构设计的光纤光栅振动传感器的有效性，同时也表明光纤光栅解调系统能够高精度地求解振动传感器所敏感检测的振动信号。

参考文献

[1] 赵孝保. 工程流体力学[M]. 2 版. 南京：东南大学出版社, 2008.

[2] 高彦军. 仪表自动化中的流量测量[J]. 科技传播, 2014, 16: 68-69.

[3] 何凡帆. 热式质量流量计在 AP1000 中的应用[J]. 中国高新技术企业, 2014, 15: 35-37.

[4] 常立丽. 基于光纤光栅的流量测量系统研究[D]. 济南：山东大学, 2012.

[5] 刘军营, 韩克镇, 许同乐. 液压与气压传动[M]. 北京：机械工业出版社, 2015.

[6] 张倩, 乔学光, 傅海威. 光纤流量传感器的进展[J]. 光通信研究, 2007, 3: 58-61.

[7] 赵兵. 光纤光栅传感技术研究及其在装备检测中的应用[D]. 西安：第二炮兵工程大学, 2009.

[8] 张华杰. 浅析现代电子系统抗干扰问题[J]. 科技创新与应用, 2014, 8, 55-58.

[9] 尚盈, 刘小会, 王昌, 等. 光纤流量非浸入式测试系统[J]. 光学精密工程, 2014, 22(08): 2001-2006.

[10] 常立丽. 基于光纤传感的流量测量系统研究[D]. 济南：山东大学, 2012.

[11] 饶云江, 王义平, 朱涛. 光纤光栅原理及应用[M]. 北京：科学出版社, 2006.

[12] Majiimder M, Gangopadhyay T K, Chakraborty A K, et al. Fiber Bragg gratings in structural health monitoring present status and applications[J]. Sensors and Actuators A: Physical, 2008, 147(1): 150-164.

[13] 赵勇. 光纤光栅及其传感技术[M]. 北京：国防工业出版社, 2007.

[14] 何小燕. 多芯光纤光栅的特性及其在光纤传感方面的研究[D]. 厦门：厦门大学, 2014.

[15] Jiang M S, Sui Q M, Jia L, et al. FBG-based ultrasonic wave detection and acoustic emission linear location system[J]. Optoelectronics Letters, 2012, 8(3): 220-223.

[16] 陈俊涛. 基于光纤光栅传感的管路应变测量与模态分析[D]. 武汉：武汉理工大学, 2015.

[17] 陈建军, 张伟刚, 涂勤昌, 等. 基于光纤光栅的高灵敏度流速传感器[J]. 光学学报, 2006, 26(8): 1136-1139.

[18] 王宏亮, 陈娇敏. 压差式光纤 Bragg 光栅流量传感器[J]. 仪表技术与传感器, 2012, 04: 10-11.

[19] 刘春桐, 张正义, 李洪才, 等. 基于 FBG 的液压系统中流量/压力/温度同时测量技术[J]. 光子学报, 2016, 45(11): 16-22.

[20] 刘春桐, 王鹏致, 李洪才, 等. 一种 FBG 靶式流量传感的结构设计及实验研究[J]. 光电子·激光, 2015, 03: 529-534.

[21] 殷小峰, 姜暖, 杨华勇, 等. 基于弹性薄片封装的高灵敏度光纤光栅压力传感器[J]. 光电子·激光, 2011, 22(5)：681-684.

[22] Bbyoungho L. Review of the present status of optical fiber sensors[J]. Optical Fiber Technology, 2003, 9: 57-79.

[23] Liu C T, Zhang Z Y, Li H C, et al. Research on one-piece structure target flow sensing technology based on fiber Bragg grating[J]. Photonic Sensors, 2016, 6(4): 303-311.

[24] 姚文娟. 基于光纤布拉格光栅的流量传感器研究[D]. 大连：大连理工大学, 2012.

[25] Damian R, Pawel N, James R M, et al. Interrogation of a dual-fiber-Bragg-grating sensor using an

arrayed waveguide grating[J]. IEEE Transaction on Instrumentation and Measurement, 2007, 56(6): 2641-2645.

[26] 杨秀峰, 张春雨, 童峥嵘, 等. 一种新型光纤光栅温度传感特性的实验研究[J]. 中国激光, 2011, 38(4): 1-4.

[27] 李娜, 王国东, 王允建, 等. FBG 温度灵敏度及增敏技术研究进展[J]. 光电技术应用, 2010, 6: 31-33.

[28] 刘春桐, 李洪才, 张志利, 等. 铝合金箔片封装光纤光栅传感特性研究[J]. 光电子·激光, 2007, 19(7): 905-908.

[29] 彭珍瑞, 卢海林. 电容式靶式流量计的研究与仿真[J]. 仪表技术与传感器, 2013, 3: 40-43.

[30] 胡玉瑞, 唐源宏, 李川. 光纤 Bragg 光栅流量传感器[J]. 传感技术学报, 2010, 23(4): 471-474.

[31] 李洪才, 刘春桐, 冯永保, 等. 一种内嵌喷嘴差压式 FBG 流量传感器[J]. 光电子·激光, 2014, 25(10): 1886-1891.

[32] 陈代英. 基于光纤光栅差压式流量传感器的设计[D]. 北京：北京化工大学, 2007.

[33] Prasanna U R, Umanand L. Non-disruptive and null-deflection mass flow measurement by a pressure compensation technique [J]. Flow Measurement and Instrumentation, 2010, (21): 54-61.

[34] 刘均, 李雨泽. 光纤 Bragg 光栅靶式流量传感器设计[J]. 光学仪器, 2016, 38(4): 368-371.

[35] 张正义. 基于光纤光栅的一体式靶式流量传感技术[J]. 2020, 41(02): 217-223.

[36] 杨凯庆. 基于光纤光栅的流量传感研究[D]. 西安：西安石油大学, 2021.

[37] 王东生. 基于光纤光栅系统的流量测量研究[D]. 秦皇岛：燕山大学, 2013.

[38] 蒋奇, 高芳芳. 一种新型光纤 Bragg 光栅流量传感器的仿真与实验研究[J]. 光子学报, 2014, 43(2): 1-7.

[39] 何俊. 分布式光纤传感系统关键技术研究[D]. 哈尔滨：哈尔滨工业大学, 2010.

[40] Takashiraa S, Asanuma Niitsuma H. A water flowmeter using dual fiber Bragg grating sensors and cross-correlation technique [J]. Sensors and Actuators A: Physical, 2004, (1): 66-74.

[41] 禹大宽, 贾振安, 乔学光, 等. 基于靶式和悬臂梁的 FBG 流量／温度同时测量研究[J]. 光电子·激光, 2010, 21(5): 710-713.

[42] 权凌霄, 骆洪亮, 张晋. 斜轴式轴向柱塞泵壳体结构振动谐响应分析[J]. 液压与气动, 2014(5): 33-39.

[43] 童章谦, 徐兵. 轴向柱塞泵的模态分析及基于壳体的结构优化[J]. 机床与液压, 2010, 38(15): 65-67.

[44] 周浩强. 光纤光栅振动加速度传感器的优化设计及振动体的振动模态分析[D]. 西安：西安石油大学, 2013.

[45] 冯定一. 新型光纤布拉格光栅传感器研究[D]. 西安：西北大学, 2016.

[46] 张晋. 斜盘式轴向柱塞泵流体振动溯源研究[D]. 秦皇岛：燕山大学, 2015.

第6章 光纤光栅周界传感及边坡安全监测技术

目前，无论是在军事还是在民用领域，人们对于许多重要设施及敏感领域的安全防护需求越来越高。尤其"9·11"事件之后，以美国为代表的发达国家均加强了在周界入侵防范监测领域的研发力度。在机场、军事基地、国土边境、核电站等军事和民用要害部门均投入巨资，以期开发完备的周界入侵监测防务网络[1-3]。周界入侵防范监测技术是一种集传感器技术、通信技术、计算机信息处理技术为一体的综合性防范应用技术，主要用于重点目标及区域的入侵监测，并可以提供及时、有效的报警信息[4-5]。目前的周界入侵防范监测技术主要有视频监控、红外及微波探测、振动电缆等。然而传统技术主要采用电类传感器作为信号采集单元，容易受到外界雷电及强电磁干扰的影响，误报及漏报率较高；且输出为弱电信号，并通过电缆进行传输，监测距离有限[6]，难以满足重要设施及敏感区域全天候、大范围、对入侵地点精确定位和长期在线监测等要求。

本章首先针对周界传感安全监测技术需求，设计制作了一种基于等强度梁结构的低频光纤光栅振动传感器，为解决传统周界入侵监测中电学类振动传感器存在的误报率高、易受电磁干扰、不易实现大面积网络化和长期可靠的远程监测等问题提供了一条新的技术途径，尤其对于重要敏感设施或边境的周界入侵监测及告警具有重要的意义和潜在的应用前景。其次针对边坡安全监测技术需求，讨论了采用光纤光栅弯曲传感技术作为边坡表面形变及深部位移监测的实现原理及应用方式，为解决传统的滑坡预警监测技术中存在的测量精度不高，不易对高危边坡实现大面积、长期可靠的在线监测等问题，提供了一种技术解决的参考方法，在滑坡预警监测中具有明显的技术优势和广阔的应用前景。

6.1 周界传感及边坡安全监测技术概况

6.1.1 周界入侵监测技术

从技术层面讲，当前周界入侵防范措施主流仍为电子防范技术，主要包括视频监控、微波探测器、红外探测器、高压脉冲电子围栏等技术及设备[7]。这些技术及设备多数都是适合特定的应用场合，各自的特点如下：

（1）视频监控：主要由摄像头摄取管理周界附近视频图像，并由控制计算机显示于监视器上，供监察员观察。缺点是受外界环境影响较大，不能及时主动报警，依赖监察员的判断。

（2）微波探测系统：主要依靠微波振荡器产生的振荡信号通过天线发射出去，微波遇到被测物体时被吸收或者被反射。当被测信号超过事先设置的阈值时，便会触发报警装置发出相应的报警信号。缺点是价格成本较高，且容易受环境干扰而产生误报。

(3)红外探测系统:包括主动红外探测和被动红外探测两种。主动红外对射探测系统是当有人经过红外光封锁线时,会遮挡红外光线,接收机接收的红外光线强度会因此发生改变,从而使报警控制器发出报警信号;缺点是受周围环境和天气状况影响较大,一般用于室内。被动红外探测系统是被动接收来自外部环境的红外射线,当有人和其他动物进入探测区域时,就有外部红外线辐射进来,经光学系统聚集使热释电器件产生突变信号,进而报警控制器启动报警系统发出警报信号;缺点是误报率较高。

(4)高压脉冲电子围栏:一种实体防护设施,对入侵者有阻挡作用。通常是通过脉冲主机通电,在前端围栏上形成回路,再把脉冲送回到主机接收端口。如果有人攀爬,造成电子系统回路开路或线路短路,主机将产生报警。其优点是操作简单,不足之处是误报率太高,且易对人体的身体造成影响。

(5)光纤传感器:光纤振动传感器在周界入侵监测领域中的应用较为广泛。目前,国内外都已出现商用的光纤周边警戒系统[8],但并没有形成真正意义上的传感器网络,因此系统防区容量有限,成本相对较高,系统性价比低。表 6.1 所列为国内外市场上基于光纤传感的产品参数信息。

表 6.1 基于光纤传感周边警戒系统产品参数

	产品	防区数目	防区长	监测长度	响应时间	误报率	报警方式	成本价格
国外产品	以色列 Magal 公司 Intelli FIBER	64	<1km	—	0.5~5.0s	—	单一	高
	美国 Fiber Sensys 公司 FNS	90	<5km	160km	<2s	—	单一	高
	韩国 Dtekion Fiber Gard	4	未提供	2km	未提供		未提供	高
国内产品	北京菲斯罗克仪器科技有限公司	40	几十米~几千米	100km		<5%	视频联动报警	较高
	北京京安能科技有限公司	16	<1km	—			单一	较高
	上海涌创科技发展有限公司 PG2000	10	50m~10km	50km	<2s	未提供	短信、视频联动报警	较高

国内的周界入侵防范监测技术起步也较晚,由于其涉及学科多、技术难度大、前期投入高、研发周期长,涉足的厂家及其投入的人力都很有限,因此少有产品问世,更多的是一些科研院所提出实验室原型系统,而且尚未得到实际应用的检验。一方面是研究相对滞后;另一方面,现实的情况是,我国既有漫长的边境线需要守卫,又有数目众多的重点机构需要安保,同时庞杂的通信线路、能源管线、交通运输线路也需要保障通畅和稳定。不同类型的防务工作使得专用技术难以满足要求,因此,对建立实用化、智能化、自动化、一体化的通用周界环境感知和预警系统的需求异常迫切。

6.1.2 边坡滑坡安全监测技术

边坡稳定性的研究由来已久,对于它的研究是基于人类的活动而形成的。尤其是随着世界各国大规模工程建设的开始,出现了各种边坡滑坡事故,造成了很大的损失[9-11]。早期的研究,主要针对修筑铁路、公路、露天采矿等大规模工程活动诱发的边坡失稳形成的大量滑坡、崩塌等事故。第二次世界大战后,各国大规模工程建设的发展,促进了对边坡稳定性机理的深入研究，并形成了一系列的理论研究成果，为滑坡的监测和预防奠定了理论基础[12-14]。

边坡自身稳定性的监测通常需要对其内部位移进行监测。边坡深部位移监测就是通过在边坡内部布设相应的传感器，测定不同深度边坡岩土体的水平位移和沉降量，从而得到整个边坡体内部的位移变化情况，确定坡体内部的变形深度，以及早地探测边坡内部变形的异常现象。目前，常用的边坡深部位移监测方法有钻孔测斜仪监测方法、时域反射技术（TDR）监测方法和钢丝位移监测方法等[15-17]。钻孔测斜仪监测方法监测精度高，监测数据直观可靠。但是测斜管的变形特性使得此监测方法的量程有限，在边坡发生较大的变形时，测斜管将会发生破坏使得监测无法进行。时频反射技术通过接收电磁波的信号来判断边坡的位移值和发生位移的位置，在监测过程中容易受到外界电磁波的干扰。钢丝位移监测装置简单，监测成本低，但监测精度有限。

根据边坡稳定性的理论，边坡变形是边坡失稳的一个显著特征，因此滑坡安全监测的关键是对边坡变形进行监测[18-19]。位移变形是边坡破坏最直观的信息，也是边坡安全监测预报的主要依据之一。从技术手段上而言，滑坡安全监测主要包括边坡表面位移监测和边坡自身稳定性的监测。边坡表面位移的监测技术包含柔性防护网监测技术、大地测量法、仪表观测法、GPS 监测法以及近景摄影测量法等[20-22]。

国内对边坡滑坡安全监测的研究始于 20 世纪 50 年代。中国科学院地质研究所提出的岩体结构理论及相应的边坡岩体工程地质力学方法，成为国内边坡稳定性研究及滑坡分析的一个重要发展。随着人们对边坡稳定的理论认识不断深入，相关研究方法也不断成熟。在滑坡安全监测技术方面，自 20 世纪 80 年代初开始引进和研制部分仪器后，目前已从过去的简易观测过渡到仪器监测，并向自动化、高精度及远程网络化监控方向发展。

6.2　光纤光栅周界振动传感器

以光纤传感技术为基础的周界入侵监测系统以光纤为媒介，光波为信息载体，使监测系统的结构大为简化[23]。光纤本身电绝缘、抗电磁干扰、环境适应性好，并能与现代通信设备高度融合，为重要军事设施及敏感区域的周界入侵监测提供了一种新的技术途径。入侵引起的振动信号传感及检测技术是整个监测系统的核心，其性能直接影响整个监测系统的稳定性、灵敏性和可靠性[24]。然而目前应用较为广泛的振动传感器大都是基于开关量检测的多传感单元集成，并没有形成真正意义上的传感器网络，因此系统防区容量有限，性价比不高。

光纤光栅是利用在光纤纤芯中形成的空间周期折射率分布来改变光波在光纤中传播行为的一种光纤无源器件，除了具有一般光纤传感器的优点外，还可以利用其波长编码的独特优势，经过特殊结构设计实现振动传感，并可对入侵地点精确定位[25]。针对上述背景，本书研究设计一种基于等强度梁的低频光纤光栅振动传感器，尤其对重要设施或边境的周界入侵监测及告警具有重要的应用价值。

6.2.1 悬臂梁结构的光纤光栅振动传感原理

根据耦合模理论，对于宽带入射光，光纤光栅周期的折射率扰动仅会对波长范围很窄的一段光谱产生影响，即只有满足 Bragg 条件

$$\lambda_B = 2n_{\text{eff}}\Lambda \tag{6.1}$$

光波才能被光栅所反射，其余的透射光谱则不受影响，光纤光栅就起到反射镜或滤波器的作用。由式（6.1）可知，Bragg 中心反射波长 λ_B 随光栅的周期 Λ 和纤芯的有效折射率 n_{eff} 的改变而改变。应变是光纤光栅可以直接敏感的物理参量之一，它通过弹光效应和光栅周期的变化来影响中心反射波长 λ_B，即

$$\Delta\lambda_B = (1 - P_e)\varepsilon\lambda_B \tag{6.2}$$

式中：P_e 为光纤的有效弹光系数；ε 为其轴向应变。当光纤光栅受到外界应力场作用时，利用波长解调装置测量其中心反射波长的变化量，便可精确获得外部相应作用参量的信息，这就是光纤光栅应变传感的基本原理。通过特殊的结构设计，可以利用光纤光栅对应变的传感原理实现振动等多种物理参量的传感和测量[26]。

由式（6.2）可知，如果光纤光栅所受应变 ε 为随时间变化的周期性动态应变，且该变化是由于与之连接物体的振动所产生的，那么就可以用该模型来测量周期性的振动。基于悬臂梁结构的振动元件具有结构简单、制作容易，同时具有良好的弯曲特性等优点，因此常被作为光纤光栅振动传感的基本结构[27-28]。由于光纤光栅的栅区具有一定长度（8～10mm），而等强度梁的表面应变为纯弯曲，因此可以保证光栅栅区各部分受到的拉伸或压缩应力相同，不会因为局部受力不均匀而导致光纤光栅发生啁啾效应。

基于上述分析，可采用等强度梁作为光纤光栅振动传感器的弹性元件。为了便于对等强度梁的力学特性进行理论分析，进一步推导出振动传感器的灵敏度和固有频率，设 L、b 和 h 分别为等强度梁的长度、宽度和厚度，E 为梁的弹性模量，设梁的端部受力为 F。光纤光栅振动传感器的结构及受力原理示意如图 6.1 所示。

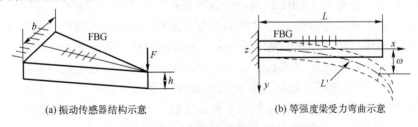

(a) 振动传感器结构示意　　　　　(b) 等强度梁受力弯曲示意

图 6.1　光纤光栅振动传感器的结构及受力弯曲示意

根据图 6.1（a）所示的结构，光纤光栅沿轴向粘于等强度梁的中心轴线上，振子（质量块）固定于梁的自由端。当外界的振动引起振子的加速度 a 产生变化时，振子会产生周期性的作用力 F，从而将振动转化为周期性的动态应变。再通过检测粘贴于梁表面的光纤光栅中心波长的变化即可获取外界的振动信息。由于振子振动到最大振幅处时光栅的应变达到最大，而当振子回到平衡位置时光栅的中心波长也回到初始值，因此光纤光栅波长变化所反映的频率即是待测的振动频率。

根据等强度梁的力学原理，可得梁上各点的应变[29]为

$$\varepsilon = \frac{6L}{Ebh^2}F = KF \qquad (6.3)$$

式中：K 为等强度梁的应变—应力灵敏度，当梁的参数及材料确定时其为常数。设悬臂梁端部振子的质量为 m，其振动加速度为 a，则等强度梁自由端所受的力 $F=ma$。结合式（6.2）和式（6.3），可得光纤光栅振动传感器的灵敏度 S 为

$$S = \frac{\Delta \lambda_B}{a} = \frac{6(1-P_e)mL}{Ebh^2}\lambda_B \qquad (6.4)$$

灵敏度 S 表征了光纤光栅波长变化量与被测振动加速度 a 之间的关系。设质量块的长度为 L_m，已知等强度梁的长度为 L，根据力学知识可知，光纤光栅振动传感器的固有频率 ω_0 为[30]

$$\omega_0 = \sqrt{\frac{Ebh^3}{L(2L^2 + 6LL_m + 3L_m^2)m}} \qquad (6.5)$$

式（6.4）和式（6.5）给出的灵敏度和固有频率是决定光纤光栅振动传感器性能的两个重要参数，正确选择这两个参数对于振动传感器的设计及测试效果至关重要。

6.2.2 光纤光栅振动传感器结构设计及有限元分析

1. 结构设计

根据式（6.4）和式（6.5）可知，传感器的灵敏度 S 和固有频率 ω_0 均与悬臂梁的尺寸、材料以及振子质量有关。由于传感器的固有频率应高于传感系统测量的上限频率，因此为了提高振动传感器的使用频率上限，应尽可能提高传感器本身的固有频率 ω_0。然而，提高固有频率，意味着将降低传感器的灵敏度。因此，光纤光栅振动传感器的设计要求就是在满足频率测量范围的前提下，灵敏度应尽量高，所以必须结合实际需求对上述参数进行合理设计和选取[31]。

由于周界入侵监测系统中的振动主要来源于人为或车辆闯入引起传感器附近地面的低频振动，频率一般为 20～80Hz。而振动传感器属于典型的二阶系统，其实际测量的振动频率上限一般为传感器固有频率的 80%左右。因此，所设计的振动传感器固有频率在 100Hz 左右即可满足使用要求。具体设计中，悬臂梁的材料选择 304 不锈钢，其弹性模量 E 为 193GPa。考虑到减小梁的长度 L 可以提高传感器的固有频率而对灵敏度的影响较小，在方便加工和满足光纤光栅粘贴的前提下，确定梁的长度 L 为 50mm，宽度 b 为 10mm。梁的厚度 h 和振子质量 m 是设计中的两个重要参数。为了便于加工，悬臂梁可直接采用厚度为 0.5mm 的板材，因此在设计中重点针对振子的质量 m 进行了优化和选择。图 6.2 中给出了等强度梁采用上述设计参数时，振子质量 m 的变化与悬臂梁固有频率 ω_0 的变化趋势。

根据图 6.2 中振子质量变化与传感器固有频率之间的关系曲线可以看出，当其他参数均确定时，随着振子质量 m 的增加，传感器的固有频率呈负指数规律降低。根据计算，当传感器的固有频率为 100Hz 时，其对应的振子质量 m 约为 7.2g。此时若采用中心波长 λ_B 为 1550nm 的光纤光栅，则对应光纤光栅振动传感器的理论灵敏度约为 $0.05\text{nm}/(\text{m}\cdot\text{s}^{-2})$。

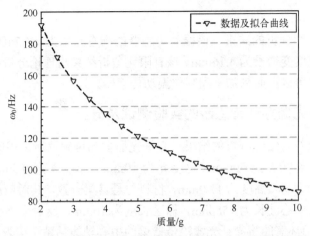

图 6.2 传感器振子质量变化与其固有频率之间的关系曲线

2. 有限元分析

为进一步对振动传感器的理论模型进行深入分析，在上述理论设计的基础上，利用 ANSYS 软件对光纤光栅振动传感器进行有限元及模态分析。根据上述的等强度梁设计参数以及实验平台的固定要求，建立了传感器的结构模型。传感器的振子质量选择直径为 10mm 的圆柱形不锈钢型材，材料与等强度梁一致，其密度为 7.93g/cm³。为了便于加工，振子的设计高度为 12.0mm，其实际对应质量约为 7.4g。根据上述参数设计，利用 Pro/E 软件建立振动传感器的三维模型，并将其导入 ANASYS 软件进行网格划分和有限元分析，其结果分别如图 6.3（a）和（b）所示。

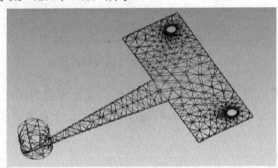

(a) 网格划分示意

(b) 一阶谐振时应变分布示意

图 6.3 振动传感器的网格划分及有限元分析

根据上述有限元分析的结果,该振动传感器的固有频率为 94.74Hz,一阶谐振时传感器对应的最大挠度变形量为 4.16mm。该有限元分析结果与理论分析基本吻合,能够满足实际需求,因此可以据此来加工和制作振动传感器。

6.2.3 光纤光栅振动传感器的实验测试及分析

根据上述理论及有限元分析的结果,光纤光栅振动传感器所采用的等强度梁的结构尺寸最终确定为:长度 L 为 50mm,宽度 b 为 10mm,厚度 h 为 0.5mm。振子采用直径为 10mm 的圆柱形型材,高度为 12.0mm,材料与悬臂梁一致,其对应质量约为 7.4g。具体采用的光纤光栅中心波长为 1550nm,栅区长度为 10mm,反射率不小于 85%,光纤类型为 SMF-28,采用环氧胶将光纤光栅沿悬臂梁的中心轴线粘贴于梁表面。实验中,首先将光纤光栅振动传感器固定于实验台上,分别采用振动频率为 35Hz 和 50Hz 的微型振动电机作为振动激励源。光纤光栅解调仪采用 Wave Capture 系列高速解调模块,其波长测量范围为 1520~1570nm,分辨率为 1pm,波长测量重复精度为 5pm。图 6.4 给出了光纤光栅振动传感实验的原理。

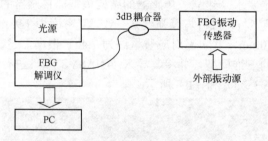

图 6.4　光纤光栅振动传感实验的原理

图 6.5 分别给出了采用 35Hz 的振动源激励时,实际测得的光纤光栅波长变化数据,以及针对实验数据经过 FFT 处理之后的频谱曲线。光纤光栅解调仪的采样频率选择 100Hz。

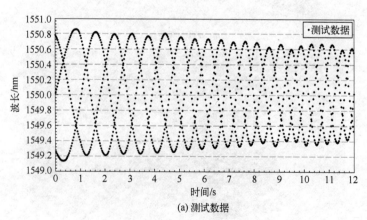

(a) 测试数据

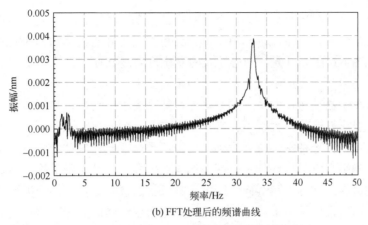

(b) FFT处理后的频谱曲线

图 6.5　振动源为 35Hz 时实验数据及频谱分析

根据实验数据及分析结果可见，在 35Hz 的振动激励下，光纤光栅中心波长的变化范围在 1.2～1.6nm。而且光纤光栅中心波长呈现出明显的周期性变化规律，通过 FFT 频谱分析可见，其在 33Hz 附近有明显的波峰值，与振动源的频率接近，表明光纤光栅振动传感器可以测量出振动源的激振频率。

同样，图 6.6 中则分别给出了采用 50Hz 振动源激励时，实际测得的光纤光栅波长变化数据及其经过 FFT 处理之后的频谱曲线。

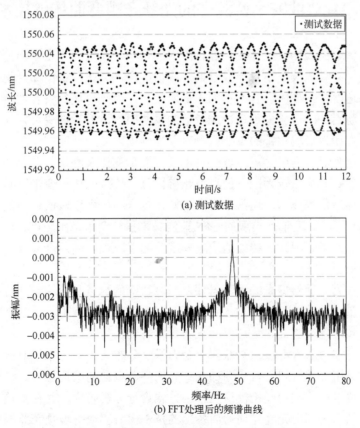

(a) 测试数据

(b) FFT处理后的频谱曲线

图 6.6　振动源为 50Hz 时实验数据及频谱分析

根据实验数据及分析结果可见，在该频率的振动激励下，光纤光栅中心波长同样呈现出明显的周期性变化规律，通过 FFT 频谱分析得到的峰值频率约为 48Hz。与图 6.5 中的实验对比，图 6.6 中光纤光栅中心波长的变化范围仅 0.1nm 左右，这主要是由于实验中振动电机的功率不同所造成的。在以上两个实验中，通过光纤光栅振动传感器测得的振动频率均略小于振动电机的实际频率，这可能是由于振动电机与试验台之间并未紧固连接导致的。但测量误差不大，不影响其工程应用。

本节研究设计了一种基于等强度梁结构的低频光纤光栅振动传感器，从而为解决传统周界入侵监测中电学类振动传感器存在的误报率高、易受电磁干扰、不易实现大面积网络化和长期可靠的远程监测等问题提供了一条新的技术途径。在分析等强度梁振动理论的基础上，本节推导了基于等强度梁的光纤光栅振动调谐原理。结合工程实际应用，本节重点对等强度梁的结构尺寸及振子质量进行了优化设计，并采用 ANSYS 软件进行了有限元分析。本节通过搭建实验平台，采用两种不同频率的振动激励源，对设计的光纤光栅振动传感器进行试验测试，实验数据分析结果表明，该传感器具有较好的响应特性，并能够实现对振动频率的准确测试。利用光纤传感技术的优势和光纤光栅波长编码的独特优点，尤其对于重要敏感设施或边境的周界入侵监测及告警具有重要的意义和潜在的应用前景。

6.3　边坡安全监测中的光纤光栅弯曲传感技术

滑坡是山体上的岩体或土体受到各种因素的影响，在重力作用下沿一定的软弱面发生整体或分散滑动。滑坡在孕育形成时期一般很缓慢，但在发生诸如暴雨、地震等突发条件时，滑动速度常常加快，且不易为人们所察觉，因此滑坡的突发性给人民的生命财产带来巨大威胁[32-33]。边坡失稳是造成滑坡的重要因素，而边坡变形则是边坡失稳的一个显著表征，并作为滑坡预警的重要监测对象受到国内外专家的广泛关注[34-35]。从技术手段而言，边坡变形监测包含对边坡潜在滑体表面形变以及深部位移的监测，并结合边坡的岩土力学参数，给出较为准确的滑坡预警信息。传统的边坡变形监测方法如大地观测测量、钻孔测斜仪等技术，通常需要人工操作、自动化程度较低，不能实现边坡变形的实时在线测量[36-38]。近年来出现的 GPS 监测技术虽然覆盖范围较广，但参考点不易选取，且监测精度有限。因此，传统的边坡安全监测手段难以满足全天候、大范围、长期在线的监测需求。

光纤光栅作为一种新型光纤无源器件，通过特殊的封装和结构设计可以实现多种参量的高精度测量。与传统的电学类传感器相比，不仅具有体积小、灵敏度高、抗电磁干扰能力强、可实现绝对测量等优点，并且集传感与传输为一体，易于复用和构成传感网络[39-40]。因此，非常适合滑坡预警监测中全天候、分布式、实时在线监测的技术要求。本节着重针对采用简支梁和悬臂梁两种光纤光栅弯曲调谐的结构形式，实现对边坡表面形变及深部位移进行监测的理论模型及应用方式进行分析研究，并在实验室条件下进行了实验验证，从而为利用光纤光栅弯曲传感的技术优势实现滑坡预警监测中大范围、高精度、长期实时在线监测提供了一种新的技术途径，尤其对位于山区的重要军事设施或保护目标的安全预警具有重要意义和实用价值。

6.3.1 光纤光栅弯曲传感原理及应用方式

应变是光纤光栅可以直接敏感的物理量，光纤光栅弯曲传感就是利用弹性梁结构将外界的作用因素转变为光栅区域的弯曲应变，从而导致其中心反射波长产生变化，通过检测光纤光栅反射波长的变化量，实现对外界作用因素的测量。利用该机理通过特定的结构设计和封装技术可以实现多种参量的直接或间接测量。本节主要采用以简支梁和悬臂梁为弹性梁调谐结构的光纤光栅弯曲传感机理实现边坡表面形变和深部位移的检测，其基本的结构原理如图6.7（a）和（b）所示。

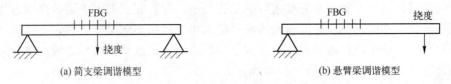

(a) 简支梁调谐模型　　　　　　　　(b) 悬臂梁调谐模型

图6.7　光纤光栅弯曲传感的两种基本调谐模型

其中，基于简支梁结构模型的光纤光栅波长变化量 $\Delta\lambda_B$ 与光栅粘贴位置 x 处的挠度 y 之间的数学模型为[41]

$$\Delta\lambda_B = (1-P_e)\frac{12d(L-x)}{(L^3-2Lx^2+x^2)}\lambda_B \cdot y \tag{6.6}$$

式中：P_e 为光纤的弹光系数；L 为梁的长度；d 为梁的厚度；λ_B 为采用光纤光栅的中心波长。

而基于悬臂梁结构模型的光纤光栅波长变化量 $\Delta\lambda_B$ 与光栅粘贴位置处 x 的挠度 y 之间的数学模型为[42]

$$\Delta\lambda_B = (1-P_e)\frac{3(L-x)d}{2L^3}\lambda_B \cdot y \tag{6.7}$$

式（6.7）中的参数定义与式（6.6）中相同。需要说明的是，当弹性梁、光纤光栅及其粘贴位置确定后，式（6.6）和式（6.7）中的主要参数均为常数，此时挠度 y 与光纤光栅的波长变化量 $\Delta\lambda_B$ 为简单的线性关系。式（6.6）和式（6.7）既为利用简支梁和悬臂梁实现光纤光栅弯曲调谐的基本原理，也是实现光纤光栅弯曲传感进行边坡形变测量的理论依据。

边坡表面形变及位移是反映边坡破坏的最直观信息，在利用光纤光栅简支梁弯曲结构进行监测时，需要将多个光纤光栅粘贴或嵌入弹性杆件之中，弹性杆件两端用固定桩固定于边坡内部岩体中。当边坡滑移体产生滑动变形时会带动弹性杆件产生弯曲变形，从而引起粘贴于弹性杆件上的光纤光栅中心波长产生偏移，根据光纤光栅的粘贴位置及波长偏移量的大小即可解算出该位置产生的滑移量，其基本的应用方案[43]如图6.8所示。

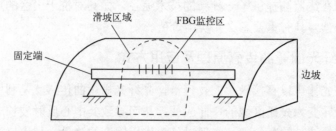

图 6.8 简支梁调谐光纤光栅弯曲传感在边坡表面形变监测中的布设示意图

边坡深部位移传感是实现边坡自身稳定性监测的重要技术手段。在利用光纤光栅悬臂梁弯曲结构进行边坡深部位移监测时,同样需要将多个光纤光栅粘贴或嵌入弹性杆件之中。弹性杆件垂直安装于事先准备好的地孔当中,杆件底部固定于边坡内部岩体中,从而根据光纤光栅的粘贴位置及波长偏移量的大小解算出不同深度边坡岩土体的变形量及水平位移,并确定坡体内部的变形深度及变形走势,以及早监测到边坡内部变形出现的异常情况。其基本应用方式如图 6.9 所示。

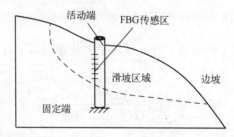

图 6.9 悬臂梁调谐光纤光栅弯曲传感在边坡深部位移监测中的布设示意

6.3.2 边坡形变测量的光纤光栅弯曲传感实验

1. 基于光纤光栅弯曲的表面位移传感实验

根据光纤光栅弯曲传感及弹性梁的调谐原理,考虑到 PVC 管具有柔韧、耐腐蚀、成本低廉等优点,实验选择直径为 20mm,长度为 810mm 的 PVC 管作为弹性杆件。将中心波长分别为 1546.214nm、1552.140nm 和 1559.387nm 的三个光纤光栅利用光纤熔接机进行熔接串联后,采用改性环氧树脂胶分别粘贴于 PVC 管表面的 A、B、C 三处。其中 B 点位于 PVC 管的中间位置,A 点和 C 点位于 B 点两侧 200mm 处,其结构原理如图 6.10 所示。

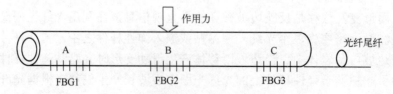

图 6.10 简支梁调谐光纤光栅弯曲传感器结构原理

为了验证该结构能否实现对边坡表面形变进行有效测量,在实验室环境下利用光具座固定 PVC 管的两端,通过在 PVC 管的中间位置施加作用力使其产生弯曲变形,测量三个光纤光栅中心波长的变化量。实验中采用分辨率为 1pm 的光纤光栅解调仪进行光纤光栅的波长测量,图 6.11 为实验的实物照片。

图 6.11 简支梁调谐光纤光栅弯曲传感表面形变测量实验照片

实验中,在 PVC 管粘贴光纤光栅的 B 点处对面施加作用力使其产生弯曲变形,作用点分别产生 1~6mm 的挠度变形,每间隔 1mm 记录 A、B、C 三处光纤光栅的波长变化情况,实验数据如表 6.2 中所示。

表 6.2 简支梁调谐光纤光栅表面形变测量实验数据

挠度/mm	光纤光栅中心波长		
	A	B	C
0	1546.214	1552.140	1559.387
1	1546.298	1552.362	1559.482
2	1546.382	1552.608	1559.592
3	1546.474	1552.860	1559.690
4	1546.548	1553.102	1559.795
5	1546.620	1553.356	1559.896
6	1546.696	1553.585	1559.982

为了便于对比分析,根据表 6.2 中的实验数据,取各点光纤光栅的波长变化量与作用点对应挠度值进行数据处理,结果如图 6.12 所示。从中可以看出,三组实验中光纤光栅的波长变化量与作用点挠度变化均呈现出良好的线性关系,这与式(6.6)中的理论相符合。

采用最小二乘法对上述实验数据进行线性拟合,可得三组光纤光栅的波长变化量 $\Delta\lambda$ 随挠度变化的拟合曲线为

$$\begin{cases} \Delta\lambda_A = 0.006 + 0.086y \\ \Delta\lambda_B = -0.011 + 0.245y \\ \Delta\lambda_C = 0.001 + 0.093y \end{cases} \quad (6.8)$$

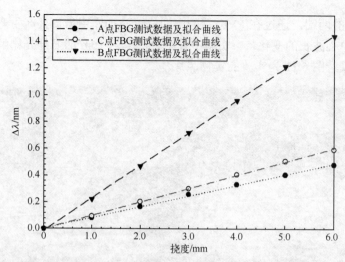

图 6.12 简支梁调谐光纤光栅弯曲传感表面形变实验数据及拟合处理

从拟合结果中可以看出，B 点的变形量最大，其对应点的光纤光栅测量数据的拟合曲线斜率也最大，为 0.245nm/mm。而 A 点和 C 点的光纤光栅对称粘贴于 B 点的两侧，其对应光纤光栅的测量数据拟合曲线斜率分别为 0.086nm/mm 和 0.093nm/mm，表明这两点的光纤光栅测量灵敏度较为接近。拟合曲线斜率的斜率代表了该点光纤光栅的弯曲灵敏度，上述实验结果与光纤光栅在简支梁上的实际粘贴位置相符合。

2. 光纤光栅深部位移传感器及实验

边坡在各种因素作用的影响下，内部会产生相互作用力，并会导致坡体内部发生水平侧向位移，该位移量的大小对边坡的稳定性有着重要影响。本文根据上述悬臂梁调谐的光纤光栅弯曲传感原理，选择长度为 800mm、直径为 20mm 的 PVC 管作为弹性杆件。将三个中心波长分别为 1545.138nm、1559.376nm 和 1556.008nm 的光纤光栅利用光纤熔接机进行熔接串联后，粘贴于 PVC 管的表面 A、B、C 三处，如图 6.13（a）所示。A、B 两处的光纤光栅粘贴在 PVC 管的同侧，其中 A 点距底部固定端 600mm，B 点距固定端 200mm，C 点上的光纤光栅粘贴于 B 点在 PVC 管的对称 180°的位置上。实验中，将 PVC 管竖直固定在铁架台上，实验照片如图 6.13（b）所示。

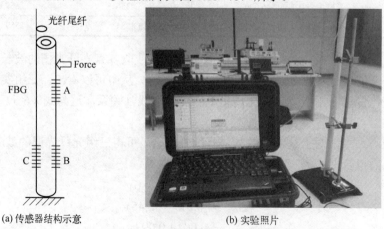

(a) 传感器结构示意　　　　　　　　(b) 实验照片

图 6.13 悬臂梁调谐的光纤光栅深部位移传感器结构及实验照片

实验中,在靠近 PVC 管的上端距固定端 750mm 处施加作用力,使 PVC 管产生弯曲变形。分别记录在作用点产生 1~5mm 的挠度时,A、B、C 三处光纤光栅的波长变化情况,具体实验数据如表 6.3 所示。

表 6.3 悬臂梁调谐光纤光栅深部位移传感实验数据

挠度/mm	光纤光栅波长变化		
	位置 A	位置 B	位置 C
0	1545.138	1559.376	1556.008
1	1545.306	1559.392	1555.986
2	1545.472	1559.422	1555.962
3	1545.608	1559.448	1555.938
4	1545.756	1559.472	1555.910
5	1545.995	1559.498	1555.887

为了更直观地将 3 个光纤光栅的测量数据进行对比分析,根据表 6.4 中的实验数据,取各点光纤光栅的波长变化量与作用点的挠度值进行数据处理,结果如图 6.14 所示。从中可以看出,三组实验中光纤光栅的波长变化量与作用点的挠度值均呈现出良好的线性关系,这与式(6.7)中的理论推导相符合。

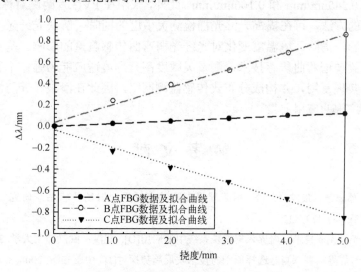

图 6.14 悬臂梁调谐光纤光栅弯曲传感深部位移实验数据及拟合处理

采用最小二乘法对上述实验数据进行线性拟合,可得三组光纤光栅的波长变化量随作用点挠度变化的拟合曲线为

$$\begin{cases} \Delta\lambda_A = 0.001 + 0.025y \\ \Delta\lambda_B = 0.037 + 0.166y \\ \Delta\lambda_C = -0.032 - 0.161y \end{cases} \quad (6.9)$$

从拟合结果中可以看出,A 点距离 PVC 管固定端最远,其表面弯曲形变最小,因此其拟合曲线斜率最小,为 0.025nm/mm;从 B 点和 C 点光纤光栅测量数据的拟合结果中

可以看出，拟合曲线斜率分别为 0.166nm/mm 和-0.161nm/mm，绝对值相近，符号相反，这与 B 点和 C 点的光纤光栅对称粘贴于 PVC 管两侧的实际相符合。

由于可以近似认为 B 点和 C 点的光纤光栅测量灵敏度相同，而且方向相反，因此可用 B 点和 C 点的光纤光栅测量数据的差值作为该点形变量的测量值，从而可将光纤光栅在该点形变测量的分辨率提高一倍。此外，由于 B、C 两点的温度变化趋势是相同的，因此通过两点数据的差值可以消除温度的影响，从而克服光纤光栅对应变和温度同时交叉敏感的问题。

本节讨论了采用光纤光栅弯曲传感技术作为边坡表面形变及深部位移监测的实现原理及应用方式，从而为解决传统的滑坡预警监测技术中存在的测量精度不高，不易对高危边坡实现大面积、长期可靠的在线监测等问题，提供了一条新的技术途径；重点针对采用简支梁和悬臂梁两种结构形式实现光纤光栅弯曲调谐原理，以及这两种结构在边坡表面变形和深部位移监测中的应用方式进行了分析讨论。在实验室条件下，选择具有不同中心波长的光纤光栅进行熔接串联后，粘贴于 PVC 管的弹性杆件上，通过实验验证了利用简支梁和悬臂梁两种光纤光栅弯曲调谐结构实现边坡表面形变及深部位移进行原理性测量的可行性。实验表明，粘贴在 PVC 管上不同位置的光纤光栅的波长变化量与该位置的弯曲形变有明显的线性对应关系。实验测得，两种结构的光纤光栅形变测量的最大灵敏度分别为 0.245nm/mm 和 0.166nm/mm。此外，采用在 PVC 管两侧对称 180°的位置粘贴光纤光栅的方法，可在提高光纤光栅检测灵敏度的同时，解决光纤光栅温度及应变的交叉敏感问题，消除环境温度变化对光纤光栅弯曲传感测量的影响。基于光纤光栅的简支梁和悬臂梁调谐弯曲传感技术，测量灵敏度高、环境适应能力强，不受电磁干扰等影响，且易于实现复用，并构成分布式传感监测网络，因此在滑坡预警监测中具有明显的技术优势和广阔的应用前景。

参 考 文 献

[1] 王蒙, 孙志慧, 张发祥, 等. 用于周界安防的光纤光栅振动传感系统研究[J]. 半导体光电, 2016, (3): 427-429, 435.

[2] 陈满. 光纤光栅技术在周界入侵报警系统中的应用[D]. 武汉：武汉理工大学, 2012.

[3] 辛东升. 周界报警探测器选择原则与技术发展趋势探讨[J]. 中国安防, 2008, 3: 67-70.

[4] 张敬花. 新型光纤 Bragg 光栅低频加速度传感器的设计和实验研究[D]. 西安：西北大学, 2011.

[5] 范登华. 分布式光纤振动传感器的研究[D]. 成都：电子科技大学, 2009.

[6] 董新永, 赵春柳. 基于悬臂梁啁啾调谐的光纤光栅滤波器[J]. 光电子·激光, 2010, 21(10): 1455-1458.

[7] 孙志峰. 分布式光纤振动传感网络周界防入侵系统[D]. 武汉：华中科技大学, 2010.

[8] 彭龙, 邹琪琳, 张敏, 等. 光纤周界探测技术原理及研究现状[J]. 激光杂志, 2007, 28(4):1-3.

[9] 陈祖煜. 土质边坡稳定分析[M]. 北京：中国水利水电出版社, 2003.

[10] 齐更生, 彭少民. 国内外滑坡防治与研究现状综述[J]. 地质勘探安全, 2000(3): 16-19.

[11] Sarma S K. Stability analysis of embankments and slopes[J]. Journal of the Geotechnical

Engineering Division, 1973, 23(3): 423-433.

[12] 崔政权, 李宁. 边坡工程——理论与实践最新发展[M]. 北京: 中国水利水电出版社, 1999.

[13] 万少石, 年廷凯, 蒋景彩, 等. 边坡稳定强度折减有限元分析中的若干问题讨论[J]. 岩土力学, 2010, 31(7): 2284-2288.

[14] 刘立平, 姜德义, 郑硕才, 等. 边坡稳定性分析方法的最新进展[J]. 重庆大学学报(自然科学版). 2000, 23(2): 115-118.

[15] 李树奇, 黄传志, 曹永华, 等. 三维边坡稳定问题的基本方程与分析方法[J]. 岩土工程学报, 2010, 32(12): 1892-1897.

[16] 陈海军. 山体边坡稳定性及相关灾害防治措施研究[D]. 杭州: 浙江工业大学, 2012.

[17] 周平根. 滑坡监测的指标体系与技术方法[J]. 地质力学学报, 2004, 26(1): 19-26.

[18] Pham H T A, Fredlund D G. The application of dynamic programming to slope stability analysis[J]. Canadian Geotechnical Journal, 2003, 40(4): 830-847.

[19] Stead D, Eberharde E, Coggan J S. Developments in the characterization of complex rock slope deformation and failure modeling techniques[J]. Engineering Geology, 2006, 83: 217-235.

[20] 裴华富, 殷建华, 朱鸿鹄, 等. 基于光纤光栅传感技术的边坡原位测斜及稳定性评估方法[J]. 岩体力学与工程学报, 2010, 29(8): 1570-1576.

[21] Huang A B, Ma J M, Zhang B S, et al. Ground movement monitoring using an optic fiber Bragg grating sensored system[C]. Proceedings of 3rd International Conference on Earthquake Engineering, Nanjing, China, October 19-20, 2004.

[22] 位立丽. 应用于准分布式光纤围栏系统的振动传感器的研究[D]. 成都: 电子科技大学, 2013.

[23] 王茜. 光纤微振动传感器[D]. 成都: 电子科技大学, 2007.

[24] Jiang M S, Sui Q M, Jia L, et al. FBG-based ultrasonic wave detection and acoustic emission linear location system[J]. Optoelectronics Letters, 2012, 8(3): 220-223.

[25] 张法业, 姜明顺, 隋青美, 等. 基于柔性铰链结构的高灵敏度低频光纤光栅加速度传感器[J]. 红外与激光工程, 2017, 45(3): 0317004.

[26] 李川, 罗忠富, 李英娜, 等. 基于等强度悬臂梁的光纤 Bragg 光栅低频加速度传感器[J]. 仪表技术与传感器, 2010(4): 4-5, 44.

[27] 江毅, 光纤振动传感器探头的设计[J]. 光学技术, 2002, 28(2): 148-149.

[28] 孙华, 刘波, 周海滨, 等. 一种基于等强度梁的光纤光栅高频振动传感器[J]. 传感技术学报, 2009, 22(9): 1270-1275.

[29] 孙丽, 梁德志, 李宏男. 等强度梁标定 FBG 传感器的误差分析与修正[J]. 光电子·激光, 2007, 18(7): 776-779.

[30] 王宏亮, 周浩强, 高宏, 等. 基于双等强度悬臂梁的光纤光栅加速度振动传感器[J]. 光电子·激光, 2013(04): 13-19.

[31] 李洪才, 刘春桐, 张志利. 一种用于周界入侵监测的光纤光栅振动传感器[J]. 光电子·激光, 2015, 10(15): 1902-1907.

[32] 陈鹏超, 李俊, 刘建平, 等. 光纤光栅埋地管道滑坡区监测技术及应用[J]. 岩土工程学报, 2010, 32(6): 897-902.

[33] 胡柳青, 李夕兵, 温世游. 边坡稳定性研究及其发展趋势[J]. 矿业研究与开发, 2000, 20(5): 7-9.

[34] Dawson E M, Roth W H, Ihescher. A.Slope stability analysis by strength reduction[J]. Geotechnique, 1999, 49(6): 835-840.

[35] 孙健. 光纤光栅位移传感器在边坡监测中的应用研究[J]. 工矿自动化, 2014, 40(2): 95-98.

[36] 郭永建, 王少飞, 李文杰. 应力监测在公路岩质边坡中的应用研究[J]. 岩土力学, 2013, 34(5): 1397-1402.

[37] 俞政, 徐景田. 光纤传感技术在边坡监测中的应用[J]. 工程地球物理学报, 2012, 9(5): 628-633.

[38] Stead D, Eberharde E, Coggan J S. Developments in the characterization of complex rock slope deformation and failure modeling techniques[J]. Engineering Geology, 2006, 83: 217-235.

[40] 王玉宝, 兰海军. 基于光纤布拉格光栅波/时分复用传感网络研究[J]. 光学学报, 2010, 30(8): 2196-2201.

[41] 赵红霞, 鲍吉龙, 陈莹. 长周期光纤光栅弯曲传感特性[J]. 光学学报, 2008, 28(9): 1681-1685.

[42] Damian R, Pawel N, James R M, et al. Interrogation of a dual-fiber-Bragg-grating sensor using an arrayed waveguide grating[J]. IEEE Transactions Instrumentation and Measurement, 2007, 56(6): 2641-2645.

[43] 李洪才, 刘春桐, 周召发, 等. 光纤光栅弯曲传感在边坡安全监测中的应用研究[J]. 光电子·激光, 2015, 26(2): 309-314.

第 7 章 基于 LabVIEW 的光纤光栅分布式传感检测技术

随着光纤光栅技术的不断成熟，单个光栅的传感已不能满足实际工程的需求。基于光纤光栅传感复用技术的分布式传感技术可以实现多点、大范围的测量，受到了广泛的关注[1-3]。它可使多个传感光栅共用一个光源和一个解调系统，集传感与传输为一体，实现远距离测量和监控。由于同时获取的信息量大，使得单位信息所需的费用大大降低，从而获得高的性价比，因此，由光纤光栅复用传感技术构成的分布式传感网络是传统传感器所不能比拟的。利用光纤光栅特有的复用特性，通过传感光纤光栅的阵列，辨别阵列中光栅的位置和检测 Bragg 中心波长的变化量等，是实现光纤光栅复用传感的关键技术。

本章首先对光纤光栅传感器的网络复用技术，包括波分复用、时分复用、空分复用和频分复用技术的工作原理进行了简要地介绍，简要评述了各种网络复用技术的优缺点；然后结合多功能靶式流量传感器的检测需求，对光纤光栅分布式多参量传感解调系统进行了设计，完成了基于 LabVIEW 软件的解调显示系统，实现了流量、压力、温度参量的智能区分、实时测量及实时显示，并通过综合实验验证了光纤光栅多参量分布式传感系统的可行性，为后续工程化应用奠定了理论和实验基础。

7.1 光纤光栅分布式传感技术概况

光纤光栅传感器的突出优势是易于构成分布式的传感网络，可实现多点多区域的同时检测。由于许多工程领域的传感检测对象并不是单一参数或单点监测位置，而是呈现一定范围内的物理场分布检测，如温度场、压力场、应力场、速度场、电场、引力场以及浓度场、密度场等[4-7]。而单一节点的光纤光栅传感器在成本及性价比上，与传统电学类传感器相比并不占有优势，难以得到大规模的工程应用[8]。因此，只有将呈一定空间分布的光纤光栅传感器耦合到一根或多根光纤上，形成光纤光栅阵列组成多种拓扑结构（并联或串联），然后通过波长检测技术和编码寻址获得被测参量的大小和空间分布，才能较完整地描述整个被测场的分布特征，即构成分布式光纤光栅传感网络，其实质是多个分布式 FBG 传感器的复用系统。

7.1.1 分布式光纤传感器的分类

分布式光纤传感器可分为完全分布式光纤传感器和准分布式光纤传感器两种[9]。完全分布式光纤传感器是利用一根光纤实现对整个测量场的测量，并同时获得被测量随空间和时间变化的分布信息，其光纤不仅能传输信号，还是敏感元件；而准分布式光纤传感器是将多个点式传感器组合起来从而实现测量场的分布式测量，其光纤仅能传输信号，不作为敏感元件。

1. 完全分布式光纤传感器

完全分布式光纤传感器是只使用一根光纤作为敏感元件，其光纤既可作为传感元件，又可作为传输元件，可以在整个光纤长度上实现对沿光纤分布的环境参数的连续测量，同时也可获得被测量随时间变化的信息和其空间分布状态。与传统传感器相比，它消除了其存在的传感"盲区"，不再受传统的单点测量的限制，在真正意义上实现了分布式光纤传感。

2. 准分布式光纤传感器

准分布式光纤传感器是使用传感网络系统进行测量的，其光纤不作为传感元件，只作为传输元件，其敏感元件为多个点式的传感器，它们采用串联或各种网络结构形式连接起来，利用波分复用、时分复用或频分复用等技术形成分布式网络系统，进而可以较精确地分时或同时得到被测量信息的空间分布，也可同时得到某一点或某些空间点上不同被测量的分布信息，但它只能得到某些离散空间位置上的传感信息，仍存在一定的传感"盲区"。因此，严格意义上讲，由光纤光栅构成的传感网络，均属于准分布式光纤传感技术。

7.1.2 光纤光栅传感复用技术原理

根据光纤光栅传感复用方式的频域、时域和空间特性，从网络拓扑结构出发，可将光纤光栅传感网络分为波分复用（Wavelength Division Multiplexing，WDM）网络、时分复用（Time Division Multiplexing，TDM）网络、空分复用（Spatial Division Multiplexing，SDM）网络和频分复用（Frequency Division Multiplexing，FDM）网络等[10-13]，此外不同类型的复用网络相结合还可构成混合复用（HBM）网络。

1. 波分复用技术

光纤光栅周围的待测物理量发生变化时，将导致光栅周期或纤芯折射率的变化，从而产生光栅中心波长的漂移。通过监测中心波长的变化量，即可获得待测物理量的变化情况。因此波分复用的基本思想是，利用宽带光源照射同一根光纤上多个中心反射波长不同的光纤光栅，从而实现多个光纤光栅的复用。波分复用是光纤光栅传感网络最基本、最直接、最常用的复用技术[14]。

图 7.1 所示为一个典型的波分复用光纤光栅传感网络。不同反射波长的 N 个光纤光栅沿光纤长度方向排列，分别置于监测对象的 N 个不同监测部位，当这些部位的待测物理量发生变化时，各个光纤光栅反射回来的波长编码信号就携带了相应部位的待测物理量的变化信息，通过接收端的波长探测系统进行解码，并分析光纤光栅波长偏移的情况，即可获得待测物理量的变化情况，从而实现对 N 个监测对象的实时、在线监测。

波分复用属于串联拓扑结构，网络中的光纤光栅各占据不同的频带资源，因此光源功率可以充分被利用，同时各光纤光栅的带宽互不重叠，避免了串音现象，因此波分复用系统的信噪比很高。这种编码方式比较简单，可靠性强，对于光信号的检测简便可行。但其受光源带宽和待测量变化范围（即光纤光栅中心反射波长变化范围）的限制，其复用能力有限，一般允许串联十几个传感器。

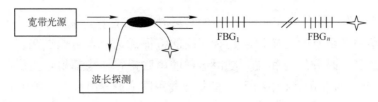

图 7.1　光纤光栅波分复用传感原理

2．时分复用技术

在光纤光栅串接复用的情况下，从任何两个相邻的光纤光栅传感器上返回的 Bragg 中心波长信号在时间上是隔开的，反射信号这种时域上的隔离特性，使得在同一根光纤上间隔一定距离复用相同的或不同中心反射波长的多个光纤光栅成为可能，从而避免了网络中的各传感器抢夺有限频带资源的问题，这是时分复用的基本思想[15]。图 7.2 所示为一个典型的时分复用光纤光栅传感网络原理图。

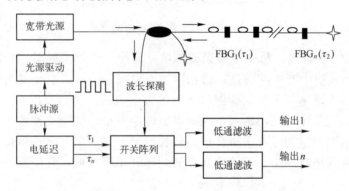

图 7.2　光纤光栅时分复用传感原理

各光纤光栅传感器之间的时间延迟通过它们之间的光纤长度来实现。在接收端，来自于光纤光栅阵列的反射波长在时间上的隔离通过由电子延迟脉冲控制的高速电子开关阵列实现，电子延迟脉冲被调节到与特定传感器相对应的光延迟相匹配。这些光不再用波长编码，而是用延迟时间编码，根据时延值就可以区分不同的光栅。从时分复用的原理可以看出，光源带宽和被测对象的动态范围不再是可复用传感器的数量的制约因素，理论上时分复用传感网络可复用数量是可观的，且采用串联拓扑结构，功率利用率也很高。在实际系统中，随着光纤光栅传感器的数目增大，由于脉冲持续时间和空闲时间之比增加，将导致信号清晰度和信噪比下降。因此，可复用的光纤光栅也要受到限制。同时，取样速率也由于光纤长度的增加而减小。

时分复用系统克服了波分复用的缺点，理论上其复用能力很强，光功率利用率也较高，但实际中随着 FBG 传感器复用数目的增加，接收脉冲的占空比也增加，这将使信号的清晰度降低，对解调系统要求也高，且系统信噪比下降。因此实际应用中往往将其与波分复用相结合，以达到保证系统信噪比和增加网络复用能力的目的。

3．空分复用技术（SDM）

在许多实际应用中，需要进行许多点的测量，网络中的传感器要求能够相互独立地、可相互交换地工作，并能够在光纤光栅传感器损坏时可替代，而不需要重新进行校准。这就需要网络中的所有的传感器应具有相同的特征，这一点可通过在相同条件下生产光纤光栅来达到。时分复用和波分复用这样的串联拓扑结构都很难实现独立性和可相互交换性，于是一种采用并行拓扑结构的空分复用网络被提出来[16]，其复用原理如图7.3所示。

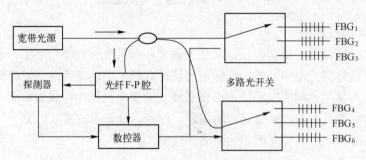

图7.3 光纤光栅空分复用传感原理

从图7.3中可以看出，每个传感光栅都单独分配一个传输通道，每次仅有一个通道被选通。需测量哪个光栅的特性，将相应的通道接通即可。空分复用网络的复用能力、分辨率和工作速率与采用的探测技术有很大的关系。空分复用网络的突出优点：各传感器相互独立工作，互不影响，因此串音效应很小，信噪比比较高；同时，复用能力不受频带资源的限制，若采用合适的波长探测方案，则网络规模可以很大，采样速率也要高于串联拓扑网络。其缺点是光源功率利用率较低，复用能力也有限，一般少于10个。

4. 频分复用

频分复用系统是采用连续波频率调制技术对光纤光栅传感阵列进行寻址的[17]，其工作原理如图7.4所示。连续可调谐光源在三角波调制下入射到时延不同的光纤光栅串上，其反射光信号经光电转换后与原三角波信号相乘，由于两者之间存在时延，其调制频率不等而出现拍频信号，对应不同时延的光纤光栅传感器其拍频不同，因此根据差频信号的不同就可寻址各光纤光栅传感器。频分复用系统具有较高分辨率和信噪比，其复用能力也较大，但由于光脉冲频率连续可调的技术还不够成熟，因此该复用技术尚处于研究之中。

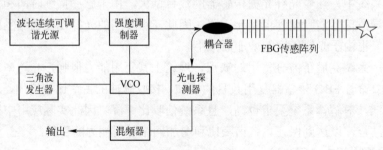

图7.4 光纤光栅频分复用传感原理

5. 混合复用技术

上述几种复用技术各有所长，但当被监测对象较多时，需要一个庞大的光纤光栅传感网络，如果将各种复用技术结合起来，它们互为补充，使网络的复用规模大幅度增加，就可基本满足各种实际场合的要求[18]。常见的光纤光栅复用方式有 WDM/TDM、SDM/WDM、SDM/TDM 以及 SDM/WDM/TDM 混合复用等。图 7.5 给出了一种光纤光栅 SDM/WDM/TDM 混合复用传感网络的原理。

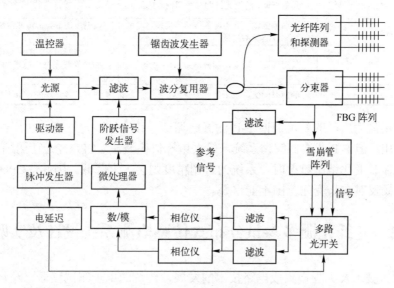

图 7.5 混合 SDM/WDM/TDM 传感网络原理

从图 7.5 可以看出，光源输出的脉冲光波耦合进入可调 F-P 滤波器，再经有锯齿波偏压控制的干涉波长扫描仪，经特殊设计的隔邻端接有一定长度延时光纤的 $1 \times m$ 分波器分别与 m 根光纤连接，每一根光纤上有若干个光纤光栅传感元。从传感元件回来的信号由受开关控制的探测器阵列接收，开关使得相邻光纤上同样中心波长的反射光被探测器接收后在时域内呈分立状态，并由两个高速开关解调，从而配合脉冲光源实现时分复用操作。

7.1.3 光纤光栅传感网络信号解调方法

所谓解调，是将指光纤光栅收到外界信号调制的光波传输到解调系统进行检测，将外界信号从光波中提取出来并按需要进行数据处理。解调过程实质上是对光纤光栅阵列的反射谱进行实时监测分析，分别找出其中心波长的位置[19]。对于光纤光栅复用系统，解调系统不仅直接影响整个系统的检测精度、分辨率和成本等问题，而且还会影响复用网络的容量和性能[20]。目前，应用相对比较广泛的光纤光栅信号解调方法主要有匹配光纤光栅滤波法、边缘滤波法、非平衡扫描迈克尔逊干涉法、可调谐 F-P 滤波法、可调谐窄带光源法以及衍射法等[21-23]。表 7.1 就这几种解调方法进行了简单的对比。

表 7.1 光纤光栅解调方法对比

解调方法	优点	缺点
匹配光纤光栅滤波法	反射方式：系统结构简单、造价低廉；透射方式：信号光利用率高，分辨率较高	反射方式：系统信噪比较低；透射方式：跟踪控制复杂，非线性误差较大
边缘滤波法	有效抑制光源输出功率的起伏和连接干扰，系统反映迅速，成本较低	器件对温度过于敏感，不能很好地实现温度补偿，误差较大
非平衡扫描迈克尔逊干涉法	具备查询、解调光纤网络传感信号的能力	动态测量时需详细分析相位随时间变化的规律
可调谐 F-P 滤波法	调谐范围宽，可实现多传感器解调，可用于静态或准静态测量	高精度的 F-P 价格非常高，滤波损耗较大
可调谐窄宽光源法	具有较高的信噪比和分辨率	价格比较昂贵，测量范围不够理想，限制了光纤光栅传感器的数目和使用范围
衍射法	响应时间快、抗干扰能力强	对光波分辨率的影响因素较多

目前应用最为广泛的是可调谐 F-P 滤波解调法，该方法稳定性高、实用性好，已有大量工程应用。但 F-P 滤波器解调系统一般采用峰值检波法（CPD），当反射信号较弱或者反射信号波长变化范围重叠时，系统的解调精度则会大大降低。因此，CPD 检波法要求 Bragg 光栅反射波长变化范围不能重叠。

7.2 光纤光栅多参量分布式传感检测系统设计及实验

随着测试技术及大规模集成电路技术的发展，传统的电子测试仪器已经从模拟技术向数字技术发展；从单台仪器向多种功能仪器的组合及系统型发展；从完全由硬件实现仪器功能向软硬件结合方向发展；从功能组合向以个人计算机为核心构成通用测试平台、功能模块及软件包形式的自动测试系统发展。同时，随着计算机技术的不断提高，现代自动测试系统正向仪器的自动化、智能化、小型化、网络化和综合化方向发展[24-26]。虚拟仪器的出现给现代测试技术带来了一场革命，虚拟仪器技术是测试技术和计算机技术相结合的产物，融合测试理论、仪器原理和技术、计算机接口技术、高速总线技术以及图形化软件编程于一身，实现了测量仪器的智能化、多样化、模块化和网络化，体现出多功能、低成本、应用灵活、操作方便等优点，成为当代仪器发展的一个重要方向。

LabVIEW 是实验室虚拟仪器集成环境（Laboratory Virtual Instrument Engineering Workbench）的简称，是美国国家仪器（National Instrumrnts, NI）公司研发的一种图形化编程环境，工程技术人员可以很方便地使用该环境来实现特定功能的虚拟仪器自动化测量系统[27-28]。利用 LabVIEW 软件平台实现光纤光栅多参量分布式传感检测系统，可以极大地促进光纤光栅多参量信号检测技术的进步。基于此背景，本节利用 LabVIEW 软件平台控制可调谐滤波器和数据采集过程，对信号进行分析、运算和显示，实现了光纤光栅传感解调系统的功能要求，使得准分布式测量的实现更加容易、便捷。

7.2.1 光纤光栅多参量准分布式传感系统设计

光纤光栅准分布式传感解调系统的原理如图 7.6 所示，宽带光源发出一定波段的光经光纤耦合器进入多路光开关阵列，光开关受数控器控制可选通光路，光波经由 1×3 光纤分路器分别进入光纤光栅多功能传感器的温度、压力和流量三个单元，并通过携带被测物理量信息的反射光进入可调谐 F-P 滤波器解调模块，从而获得相应传感器的波长偏移信号[29]。光纤光栅解调模块通过 USB 接口总线将解调信息传递至上位机，通过上位机的数据处理即可获得液压系统中被测物理量的大小。

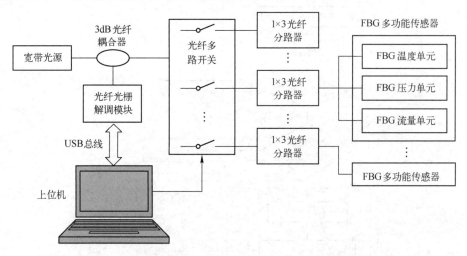

图 7.6　光纤光栅多参量准分布式传感解调系统的原理

7.2.2　基于 LabVIEW 的解调系统设计

软件是实现光纤光栅波长解调算法的关键，本设计是基于 BaySpec 公司的 WaveCapture 光纤光栅解调模块，利用已有的 BaySpec Sense 20/20 软件开发套件（SDK）。该 SDK 中的动态链接库（DLL）文件可被 LabVIEW 软件直接调用，大大简化了软件开发流程。为使光纤光栅信号检测软件结构清晰简洁、提高软件运行效率，采用模块化、面向对象的软件设计思想，将光纤光栅信号检测系统软件分成彼此独立的几个标准组件模块，然后按照系统的总体要求组成完整的应用系统，系统软件模块及主要功能描述如下[30]：

（1）人机界面模块：操作仪器开始工作、暂停工作、设置仪器系统参数、仪器数据显示、仪器状态显示、故障信息显示等。

（2）参数设置模块：主要接收来自上位机的用户操作控制命令，如传感器计算参数键入、数据保存路径、数据采集频率、数据通信端口设置。

（3）波长解调算法模块：将数据采集得到的电压信号数据转化成波长值。在光纤光栅解调模块中，波长解调算法已被封装成相应的函数，在使用时只需调用相应的函数即可实现。

（4）数据库管理系统模块：数据库管理系统是将仪器获取的数据分别存入相应的数据库中，定时对数据进行刷新，对重要数据进行备份。数据库管理系统同时对记录一定时间长度的数据能够进行存储、回放、分析等运算。

根据上述软件模块划分的功能要求，设计出如图 7.7 所示的软件主流程。由于数据采集和数据计算会耗费大量 CPU 负荷，为了使程序最快速响应用户操作（如鼠标单击、窗口拖动等），程序将数据量很大的数据采集和数据计算两部分单独设置一个后台工作线程运行。

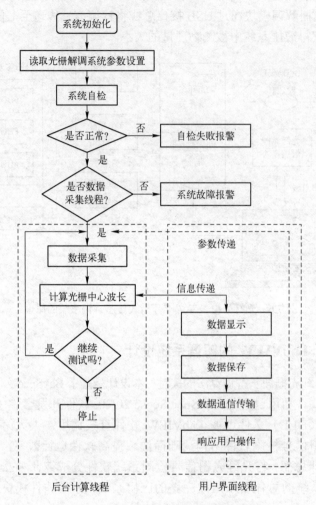

图 7.7 光纤光栅解调系统软件主流程

前面板是用户使用该系统的主要操作面板，因此前面板的设计应当满足用户需要，尽量美观、简洁和便于使用，同时还应当符合系统软件程序框图设计时的一些基本要求及利用参数的对应性。根据系统软件的模块划分，前面板的设计主要应包括三个部分：开关控制硬件部分、参数设置部分及结果显示部分。

（1）开关控制硬件部分：打开及关闭设备、选择及控制通道开启、开启及关闭连续测量、加载校正文件等。

（2）参数设置部分：设置采样频率、选择通道等；根据传感器使用的光纤光栅的中心波长值设置不同信号的波长范围，用于区分温度、压力、流量信号；根据标定实验结果，输入温度、压力、流量相对应的斜率和截距，为综合实验测量提供计算参数。

（3）结果显示部分：显示反射光光谱，温度、压力、流量测量结果等。

光纤光栅解调系统软件的前面板如图 7.8 所示。

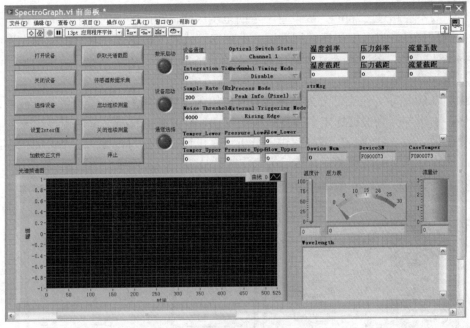

图 7.8 光纤光栅解调系统软件前面板

由于准分布式传感解调系统中波长带宽较大,因此必须进行大范围扫描。系统设计了 40nm(1525～1565nm)带宽的波长测量范围。在这个范围内,划分出 512 个采样点,循环扫描,寻找波峰,搜寻到波峰后首先根据不同的区间范围智能地辨别为温度、压力、流量信号,然后代入相对应的计算参数进行运算,计算结果直接显示在前面板的相应位置。数据采集、寻峰程序如图 7.9 所示。

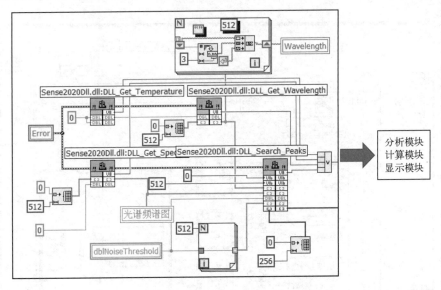

图 7.9 数据采集程序

系统为了区分不同传感器反射回来的波长信息,采用区间法进行智能分辨。在传感器设计时即采用不同波段中心波长的光纤光栅,因为在传感过程中,中心波长的偏移量

123

有限(一般不会超过±2nm),故设置一定的范围区间,在此区间的反射波峰即认定为特定的被测量信息。以温度传感解调为例,毛细钢管式温度传感器中封装的光纤光栅中心波长为1542.0nm,温度波长范围设置为1540.0~1544.0nm,在这个波长范围的反射波峰即被认定为温度信息。

如图7.10所示,左半部分为在参数设置中输入温度、压力、流量反射波峰波长范围的程序,右半部分为根据标定实验得知被测物理量与波长偏移量之间的对应关系,输入其计算参数。图7.11中反射波峰值进入分析计算模块,首先与设置的各个区间范围进行比较,确定所携带的信息类型,然后进入相应的计算、显示程序。

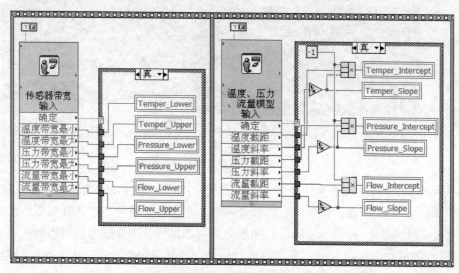

图7.10 参数设定程序

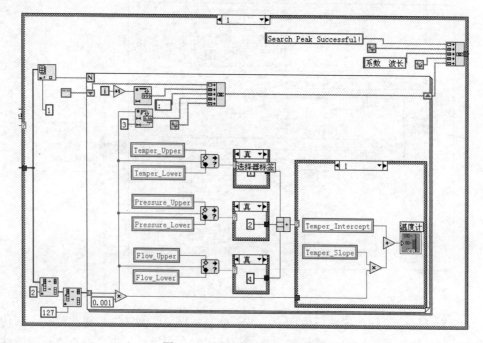

图7.11 分析、计算、显示程序

当波长值为 1540.0～1544.0nm 时,区间判定程序判定光波所携带信息为温度信号时,条件结构则选择"1",波长值则进入温度计算、显示模块。

当区间判定程序判定光波所携带信息为压力信号时,条件结构则选择"2",波长值进入压力计算、显示模块,首先根据当时温度传感器的测量结果和事先得到的压力膜片在无压力情况下的温度特性,扣除掉因温度变化而产生的中心波长偏移量,之后根据压力特性进行相应的计算、显示,由此,压力传感器在软件分析计算中克服了温度-应变交叉敏感问题。

当区间判定程序判定光波所携带信息为流量信号时,条件结构则选择"3",波长值进入流量计算、显示模块,这里需要说明的是,由于一体式靶片上粘贴有一对光纤光栅,因此这里流量信息是两个波长值,首先计算出两值之差,之后将总的偏移量代入相应的计算、显示模块。

7.2.3 综合实验验证

本节将在 5.4.2 节的基础上,按照光纤光栅温度、压力、流量传感器的装配关系,把相应的光纤光栅传感模块组装到一起,如图 7.12 所示。然后利用 7.2.2 节中设计的基于 LabVIEW 的解调系统进行综合实验,以验证光纤光栅多参量分布式传感以及基于 LabVIEW 的解调系统的实际效果。

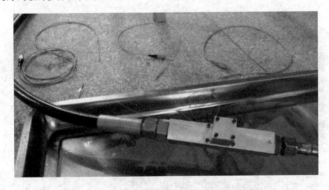

图 7.12 多功能光纤光栅靶式流量传感器

通过 1×3 分路器将三个传感器连接到一起,接入解调设备。把光纤光栅多功能靶式流量传感器连接到液压回路上进行测试,在液压回路中接入智能型涡轮流量计、压力仪表检测液压油流量、压力的变化,由于油箱自带温度计灵敏度较低,在油箱上口插入精度为 0.2℃的水银温度计用以检测油液温度。液压油路及实验照片分别如图 7.13 和图 7.14 所示。

打开解调设备后,在 LabVIEW 前面板上按照要求输入由第 4 章实验得知的温度、压力、流量传感器的相关计算参数,即:温度传感器的斜率为 0.0149,截距为 1541.904nm;压力传感器的斜率为 0.0284,截距为 1556.203nm;流量传感器的二次项系数为 1.5375,侧移量为 0.1419nm。根据各个传感器中心波长的不同,设置不同的波长范围。在本次实验中,光纤光栅温度、压力、流量传感器中 FBG 的中心波长分别为 1542.0nm、1556.0nm、1550.0nm,相应的波长范围设置为 1540.0～1544.0nm、1554.0～1558.0nm、1548.0～

1552.0nm。

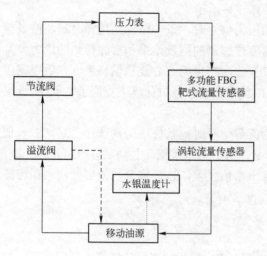

图 7.13 综合实验测试油路

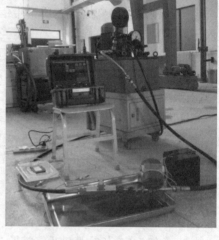

图 7.14 综合测试实验照片

启动油源,打开解调检测设备,通过节流阀调节流量变化,在前面板上观测谱线变化及各个被测物理量的值,反射谱线如图 7.15 所示,温度、压力、流量的显示面板如图 7.16 所示。

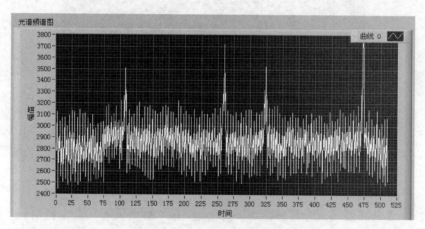

图 7.15 光纤光栅反射光谱曲线

图 7.16 被测参量实时显示面板

每隔一分钟记录一次前面板上温度、压力、流量的值，同时读取水银温度计、压力表、涡轮流量计的读数，实验数据如表 7.2 所列。

表 7.2 综合实验测试数据

时间/min	温度/℃		压力/MPa		流量/（L/s）	
	FBG 传感器	水银温度计	FBG 传感器	压力表	FBG 传感器	涡流流量计
1	16.25	16.2	0.034	0.033	0.823	0.81
2	16.68	16.5	0.034	0.033	0.959	0.94
3	17.01	16.7	0.035	0.033	1.128	1.11
4	17.30	16.9	0.035	0.033	1.242	1.22
5	17.63	17.2	0.036	0.034	1.337	1.31
6	18.38	17.7	0.035	0.033	1.539	1.52
7	19.09	18.2	0.035	0.033	1.725	1.7
8	19.79	18.9	0.036	0.034	1.821	1.79
9	20.54	19.5	0.035	0.033	1.638	1.61
10	21.42	20.3	0.035	0.033	1.472	1.45

图 7.17～图 7.19 所示分别为光纤光栅针对温度、压力、流量的实验结果。由实验结果可知，此解调系统正确分辨了不同被测信号，并通过计算，实时显示了测量结果。

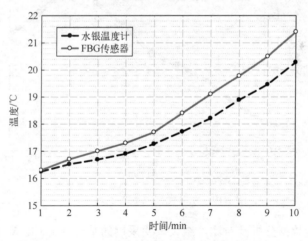

图 7.17 光纤光栅温度测量结果对比

根据图 7.17 中实验测试温度参量的变化可以看出，毛细钢管式光纤光栅温度传感器和水银温度计的测量数据变化趋势一致，但光纤光栅温度传感器的测量值略高于水银温度计。随着时间的推移，在液压回路中不断循环的油液温度逐渐升高，故两条曲线都逐渐上升；而由于水银温度计检测的是油箱中的油液温度，回路中的油液返回到油箱后，热量逐渐散失，故水银温度计的测量值略高。

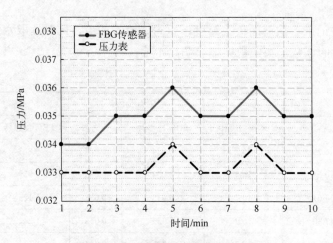

图 7.18　光纤光栅压力测量结果对比

图 7.18 中给出了液压系统中压力参量的变化趋势。由于本次实验没有加具体负载，故液压油路中的压力值只有微小的波动；由于一体式靶片对油液的阻挡作用，光纤光栅压力传感器的压力膜片处压力比油路中压力值略高。

图 7.19 给出了实验中流量参量测量的变化趋势，从图中数据可以看出，采用一体式靶式光纤光栅流量传感器的测量值与采用智能型涡轮式流量计的测量值基本一致。

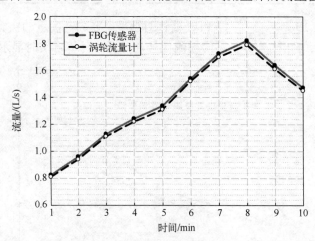

图 7.19　光纤光栅流量测量结果对比

通过以上实验数据分析及对比，结果表明采用的基于 LabVIEW 设计的光纤光栅多参量分布式传感系统能够对被测液压系统中的多个参量实现同时测量，验证了光纤光栅多参量传感系统设计的可行性，实验测量精度可以满足工程需要，因此可以为光纤光栅分布式传感检测的实际工程应用提供有益参考，具有良好的工程应用前景。

参 考 文 献

[1] 赵晓华. 分布式光纤光栅传感系统的研究[D]. 西安：西安理工大学, 2008.

[2] Wang Y M, Gong J M, Wang A B, et al. Aquasi-distributed sensing network with time-division multiplexed fiber Bragg gratings[J]. IEEE Photonic Technology Letters, 2011, 23(2): 70-72.

[3] 王玉宝, 兰海军. 基于光纤布拉格光栅波/时分复用传感网络研究[J]. 光学学报, 2010, 30(8): 2196-2201.

[4] 张春丽. 分布式光纤 Bragg 光栅传感信号干涉解调技术的研究[D]. 秦皇岛: 燕山大学, 2008.

[5] 鲍吉龙, 章献民, 陈抗生, 等. FBG 传感网络技术研究[J]. 光通信技术, 2001, 25(2): 86-89.

[6] 顾钧元, 徐廷学, 余仁波, 等. 基于 FBG 传感器的飞行器结构健康监测系统研究[J]. 质量与可靠性, 2011(4): 25-28.

[7] Zhao Y, Liao Y. Discrimination methods and demodulatio techniques for fiber Bragg grating sensors[J]. Optics and Lasers in Engineering, 2004, 41(1): 1-18.

[8] Dai Y B, Liu Y J, Leng J S, et al. A novel time-division multiplexing fiber Bragg grating sensor interrogator for structural health monitoring[J]. Optics and Lasers in Engineering, 2009, 47(10): 1028-1033.

[9] 彭蓓, 孟丽君. 分布式光纤光栅传感的研究与发展[J]. 软件导刊, 2012, 11(6): 6-8.

[10] 李若明, 余有龙, 代文江. 光纤光栅传感器阵列有源时域地址查询技术[J]. 光学学报, 2007, 27(11): 1950-1954.

[11] 曹雪, 余有龙, 刘盛春. 具有有源闭合腔的光纤光栅传感系统地址查询技术[J]. 光学学报, 2007, 27(8): 1405-1408.

[12] Chen Z, Yuan L, Hefferman G, et al. Terahertz fiber Bragg grating for distributed sensing[J]. IEEE Photonics Technology Letters, 2015, 27(10): 1034-1087.

[13] 高松, 刘艳, 陈润秋, 等. 用于空分复用的模式复用技术研究[J]. 激光与红外, 2014, 44(4): 424-428.

[14] 周宁. 分布式光纤光栅温度监测数据处理系统研究[D]. 秦皇岛: 燕山大学, 2008.

[15] 刘辉. 光纤光栅传感解调系统及应用研究[D]. 秦皇岛: 燕山大学, 2012.

[16] 吴晶, 吴晗平, 黄俊斌. 光纤光栅传感信号边缘滤波解调技术研究进展[J]. 2014, 26(3):155-157.

[17] 蔡江江. 光纤布拉格光栅解调系统和传感新方法的研究[D]. 江苏: 南京大学, 2013.

[18] 于效宇, 赵洪. 基于可调谐法布里-珀罗滤波器的光纤光栅解调技术研究[D]. 哈尔滨: 哈尔滨理工大学, 2008.

[19] 祁耀斌, 吴敢锋, 王汉熙. 光纤布拉格光栅传感复用模式发展方向[J]. 中南大学学报（自然科学版）, 2012, 43(8): 3058-3072.

[20] 王敏. 光纤布喇格光栅传感网络信息解调系统的研究[D]. 西安: 西安石油大学, 2006.

[21] 陈志伟, 谭中伟, 闫俊芳, 等. 光纤光栅传感系统的信号解调[J]. 光电技术应用, 2012, 27(2): 47-52.

[22] 田恺. 时分/波分复用光纤传感系统及其关键技术研究[D]. 北京: 北京交通大学, 2018.

[23] 李政颖, 周祖德, 等. 高速大容量光纤光栅解调仪的研究[J]. 光学学报, 2012, 32(03):60-65.

[24] 邓希望. 基于 NI 数据采集模块光纤光栅传感解调系统研究[D]. 武汉: 武汉理工大学, 2013.

[25] 唐宗. 基于 LabVIEW 的光纤光栅温度解调系统软件设计[D]. 南京: 南京大学, 2012.

[26] 黄兵. 基于 FBG 分布传感的薄板变形监测方法与系统研究[D]. 武汉：武汉理工大学, 2020.

[27] 王桂英. 基于 LabVIEW 的光纤光栅波长解调系统[J]. 压电与声光, 2013, 4(5): 28-32.

[28] 沈小燕, 林玉池, 付鲁华, 等. LabVIEW 实现光纤光栅传感解调[J]. 传感技术学报, 2008, 21(1): 61-65.

[29] 王鹏致, 刘春桐, 李洪才, 等. 一种基于 LabVIEW 的准分布式光纤光栅传感解调系统设计[J]. 激光与光电子学进展, 2016, (53): 022801.

[30] 刘春桐, 李洪才, 何祯鑫, 等. 基于 LabVIEW 的光纤光栅自动检测及分析系统[J]. 光子学报, 2016, 45(2): 0206002.